Carl-Auer

Ute Clement

Kon-Fusionen

Über den Umgang
mit interkulturellen
Businesssituationen

2011

Umschlaggestaltung: Uwe Göbel
Satz u. Grafik: Drißner-Design u. DTP, Meßstetten
Printed in Germany
Druck und Bindung: Freiburger Graphische Betriebe, www.fgb.de

Erste Auflage, 2011
ISBN 978-3-89670-767-3
© 2011 Carl-Auer-Systeme Verlag
und Verlagsbuchhandlung GmbH, Heidelberg
Alle Rechte vorbehalten

Bibliografische Information der Deutschen Nationalbibliothek:
Die Deutsche Nationalbibliothek verzeichnet diese Publikation
in der Deutschen Nationalbibliografie; detaillierte bibliografische
Daten sind im Internet über http://dnb.d-nb.de abrufbar.

Informationen zu unserem gesamten Programm, unseren Autoren
und zum Verlag finden Sie unter: www.carl-auer.de.

Wenn Sie Interesse an unseren monatlichen Nachrichten aus der Häusserstraße haben,
können Sie unter http://www.carl-auer.de/newsletter den Newsletter abonnieren.

Carl-Auer Verlag GmbH
Häusserstraße 14
69115 Heidelberg
Tel. 0 62 21-64 38 0
Fax 0 62 21-64 38 22
info@carl-auer.de

Inhalt

Danksagung

Auch ein Buch braucht einen kulturellen Kontext, in dem es überhaupt entstehen kann. Deshalb ist es mir ein Bedürfnis, mich bei denen zu bedanken, die mir dieses belebende kulturelle Umfeld sind.

Zum Schlüsselereignis meiner Neugier auf das Fremde wurde das mutige Geschenk meiner großzügigen Eltern, die mir erlaubten, als 18-Jährige für mehrere Monate allein nach Indien zu reisen. Ihr Zutrauen in mich ist ein großer Schatz.

Durch meine Auftraggeber und Kunden hatte ich Zugang zu dem ganzen Reichtum der Organisationsberatungsarbeit in verschiedenen Kulturen, zahlreiche Überraschungen inklusive. Dass man in der Wüste in einem Zelt einen Workshop professionell durchführen kann, hätte ich mir nicht träumen lassen.

Jacques Chlopczyk danke ich für die produktiven Diskussionen, das gemeinsame Denken und die große Unterstützung während der ganzen Schreibzeit.

Ada Göbel hat unschätzbare Verdienste bei der anspruchsvollen Arbeit an den Details dieses Buches, das ohne sie nie fertig geworden wäre.

Der Ermutigungsverlag Carl-Auer und insbesondere Fritz B. Simon haben mich überhaupt auf die Idee gebracht, meine Erfahrungen in Buchform zu bringen. Dafür vielen Dank!

Ute Clement

Geleitwort

Dieses sehr leserfreundlich geschriebene Buch zeigt, mit welcher Leidenschaft sich Ute Clement der Anbahnung, Durchführung und Betreuung internationaler Projekte und kultureller Prozesse in Unternehmen widmet. In dieser Hinsicht reflektiert das Motto »Leidenschaft für Veränderung« die Motivation der Autorin. Um diesen Wandel zu erreichen, bedient sie sich des Top-Down-Ansatzes (Vision, Strategien usw.) und des Button-Up-Ansatzes effektiver Kommunikation. Ihr weitgreifendes und tiefgründiges Fachwissen ist immer zu erkennen. Ute Clement zeigt, wie wichtig es ist, das eigene Verhalten sowie Veränderungsprozesse und -maßnahmen ständig zu überdenken – es zahlt sich bei jedem kulturellen Wandel aus.

Das vorliegende Buch spiegelt das übergreifende Fachwissen der Autorin sowohl über Geschäftsführungsprozesse als auch hinsichtlich der Methodik wider. Dieses Wissen und seine praktische Umsetzung sind Indikatoren dafür, dass die Autorin weiß, was Kultur ist und von welch großer Bedeutung es ist, kulturelle Unterschiede zu berücksichtigen. Das Buch beschreibt die Umsetzung der entsprechenden Maßnahmen mithilfe systemischer »Werkzeuge« und liefert eine unmissverständliche Antwort auf die Frage »Woher weiß ich, ob es funktioniert?« gleich mit.

Ute Clements Herangehensweise basiert auf einem neuen Verständnis von kultureller Veränderung, das es ermöglicht, die unterschiedlichen Belange eines Unternehmens gleichwertig zu berücksichtigen. Alles in allem eine Pflichtlektüre, die ich jedem empfehle.

Fons Trompenaars
THT Consulting, Amsterdam

Vorwort: Interkulturelle Teams sind die Regel und nicht die Ausnahme

In meiner Funktion als Human-Resources-Managerin in einem internationalen Unternehmen, das global agiert und für das Wachstum nur global erfolgen kann, kann ich ohne Blick auf Kultur nicht erfolgreich handeln. Die Organisation der Geschäftsbereiche nimmt keine Rücksicht auf Landesgrenzen und Kulturunterschiede. Einerseits. Andererseits: Fehlendes Gespür für die kulturgebundenen Verhaltensweisen und Denkstile der Führungskräfte und ihrer Mitarbeiter kann teure Folgen haben. Reine Projekt- oder Change-Management-Ansätze werden dem interkulturellen Alltag oft nicht gerecht. Und reine interkulturelle Trainings übersehen häufig die unternehmerische Dimension in Organisationen, weil sie ihre Komplexität nicht erfassen.

Ute Clement ist in diesem Spannungsfeld zu Hause. Sie beschreibt detailliert ihren Beratungsansatz in internationalen Projekten und Change-Prozessen. Auf der Basis eines systemischen Ansatzes schöpft sie aus einem Erfahrungsschatz, der sich in vielen Projekten, die sie rund um den Globus begleitet hat, angesammelt hat. So finden sich hier sowohl eine Anleitung zum Erwerb interkultureller Kompetenz, ein Fundus an anschaulichen Geschichten zu interkulturellen Themen wie auch ein breites Spektrum interkultureller Tools.

Externe Beratung nehmen wir in Anspruch, wenn eine Außenperspektive auf die Prozesse im Team oder in einer Abteilung nützlich erscheint. Auf diese Weise professionalisieren wir uns selbst weiter und nutzen die Chance, Kompetenzen und Wissen in die Organisation zu holen. Dabei brauchen wir maßgeschneiderte, auf die jeweilige Situation und den jeweiligen Kontext abgestimmte Maßnahmen.

Ute Clement beherrscht diese kritische Schnittstelle. Sie schafft es, wissenschaftliche Erkenntnisse zu interkulturellen Themen zielorientiert einzusetzen und so theoretisches Wissen praktisch in den organisationalen Alltag umzusetzen. Dabei ist sie auch frei von starren interkulturellen Ansätzen und verliert nicht die Geschäftsprozesse aus den Augen. Einleuchtend und praxisnah illustriert sie anhand zahlreicher interkultureller Geschichten ihren überzeugenden Ansatz.

Die Kombination aus theoretischer Klarheit, anschaulichen Beispielen und nützlichen Tools machen das Buch zu einer spannenden und informativen Lektüre für alle, die sich in ihrer Arbeit zwischen den Kulturen bewegen. Vor allem wird deutlich, wie uns interkulturelle Unterschiede bereichern können und dass der Kontakt und Umgang mit anderen Kulturen Spaß machen kann. Genau wie die Stunden mit diesem Buch.

Corinna Refsgaard
Vice President – Head of HR Cassidian Systems
EADS Deutschland GmbH

Einleitung

Bei der Fusion einer deutschen mit einer US-amerikanischen Firma wurden beide Seiten auf die Arbeitsbeziehungen mit der jeweils anderen Kultur vorbereitet. Um in seinem Bereich die Kontakte zu pflegen, lud ein deutscher Direktor seine neue amerikanische Kollegin mit ihrer Familie zum Grillnachmittag ein.

Die Zusammenarbeit im Projekt sollte durch die Stärkung der sozialen Bande befördert werden. Der Garten des deutschen Gastgebers wurde entsprechend hergerichtet: Die amerikanischen Gäste sollten sehen, dass auch Deutsche ein anständiges Barbecue auszurichten wissen und dass an der viel beschworenen deutschen Steifheit nicht viel dran ist. Entsprechend entschied sich der Gastgeber für betont legere Kleidung: Ein T-Shirt und Shorts sollten einem Barbecue mehr als angemessen sein. Die Gäste kamen, und die Verwirrung war groß. Die Amerikanerin erschien im Kostüm, ihr Mann im Anzug und die Kinder in adretter Sonntagskleidung. Was war geschehen? Offenbar hatte das forcierte Bemühen, es richtig zu machen, zum gegenteiligen Effekt geführt.

Im Nachhinein können die Beteiligten vielleicht mit einem Lächeln auf diesen *clash of cultures* zurückschauen. So etwas mag im Rahmen eines Barbecues zur allgemeinen Erheiterung beitragen, in anderen Zusammenhängen kann das empfindliche Folgen haben.

Es gibt kaum ein Unternehmen, das nicht international vernetzt ist. Und kaum ein Unternehmen kann es sich leisten, dies nicht zu sein. Kunden, Zulieferer und Produktionsstandorte sind global verteilt. Der Austausch von Informationen, Waren und Arbeitskräften über Landesgrenzen hinweg hat ein nie da gewesenes Ausmaß erreicht. Wir telefonieren genauso häufig mit unseren Kollegen und Partnern in England, den USA, Indien und China wie mit unseren Kollegen in Köln, Stuttgart, Leipzig oder Braunschweig.

Die Globalisierung der Arbeitswelt verändert die Art und Weise, wie wir arbeiten, und bestimmt, welche Tätigkeiten und Kompetenzen für unsere Arbeit wichtig sind. Die wachsende geografische, soziale und kulturelle Distanz zwischen Standorten und Mitarbeitern muss überbrückt werden. Viele Projekte müssen über verschiedene Zeitzonen hinweg koordiniert und gemanagt werden. Die Vernetzung im internationalen Business erhöht den Koordinations- und Kommunikationsaufwand.

Das Verhältnis zwischen der Zeit, die zur Koordination und Kommunikation mit Kollegen verwendet wird, und der Zeit, die in die tatsächliche Arbeit investiert wird, verschiebt sich immer stärker auf die Seite der Kommunikation. Nur durch eine zielgerichtete und ausreichende Kommunikation können die neuen Unternehmensarchitekturen, die Vorteile einer verteilten Produktion und die Präsenz in unterschiedlichen Märkten effektiv genutzt werden.

Mitarbeiter in Unternehmen sind mehr denn je damit beschäftigt, Rollen, Aufgaben und Verantwortlichkeiten zu klären – und dies häufig, ohne ihr Projektteam auch nur einmal vollständig gesehen zu haben. Die klare Definition einer Funktion innerhalb einer festen, stabilen Unternehmensstruktur ist der offenen Definition der Arbeitsrolle in Projekten mit wechselnden Verantwortlichkeiten, Zielen und Architekturen gewichen.

Diese Veränderungen haben auch dazu geführt, dass wir zunehmend die Grenzen unseres Heimatlandes, unserer Organisation und unserer Stammabteilungen überschreiten. Grenz- und kulturübergreifende Kontakte sind häufig »holpriger«, als wir es im Rahmen unseres Landes, unserer Organisation und unserer Abteilung gewohnt sind. Missverständnisse und Kommunikationsprobleme sind an der Tagesordnung, und es muss viel Zeit darauf verwendet werden, mit unseren Kollegen ein gemeinsames Vorgehen abzusprechen und ein gemeinsames Bild der anstehenden Aufgaben zu entwickeln.

Gleichzeitig machen viele Unternehmen gute Erfahrungen, wenn die Zusammensetzung des Unternehmens die Heterogenität unterschiedlicher Märkte und Aktivitäten widerspiegelt. Diversität *(diversity)* und der Umgang mit dem Fremden können einen Gewinn darstellen, eine Erweiterung des eigenen Horizonts. Oft stellen wir mit Erstaunen fest, dass man Dinge völlig anders sehen, bewerten oder handhaben kann. Die unterschiedlichen Perspektiven können bereichernd sein und Synergieeffekte erzeugen. Dazu müssen die interkulturellen Differenzen aber bewusst genutzt werden können.

Unsere chinesischen, englischen oder amerikanischen Kollegen reagieren anders, als wir es gewohnt sind. Unsere etablierten Arbeitsroutinen, Feedbackloops und Abstimmungsinstrumente funktionieren im interkulturellen Kontext nicht mehr selbstverständlich. Wir stolpern über Kleinigkeiten in der Kommunikation und sind irritiert von den Differenzen zwischen dem, was wir in unseren Heimatkontexten gewohnt sind und von unseren Gesprächs- oder Kommunikationspartnern erwarten, und dem, was wir als Antwort aus einem internationalen Umfeld erhalten.

Diese kulturellen Differenzen stellen uns vor neue Herausforderungen: Neben unserer fachlichen Qualifikation werden kommunikative, soziale und interkulturelle Kompetenzen essenziell, und für den Erfolg kulturübergreifender Projekte sind die diesbezüglichen Fähigkeiten des Einzelnen entscheidend. Nur durch interkulturelle Kompetenzen können die Probleme grenzüberschreitender Kooperation überwunden werden.

Das Umfeld, in dem wir aufwachsen, prägt uns auf fundamentale Weise. Es beeinflusst, wie wir denken, was wir um uns herum wahrnehmen, wie wir mit anderen in Kontakt treten und wie wir uns selbst definieren. Unsere Kommunikationsweise, unsere Motivation, unser Umgang mit Konflikten und die Art, wie wir Entscheidungen treffen, unterscheiden sich von anderen Kulturen: Chinesische, indische, französische oder amerikanische Kollegen und Kunden haben einen anderen Blick auf die Welt. Zwischen diesen unterschiedlichen Perspektiven zu vermitteln ist die entscheidende Aufgabe für jeden, der in internationalen Kontexten arbeitet.

Aber wie kann dies funktionieren? Einerseits müssen wir uns auf die Umgangsformen und Perspektiven anderer Kulturen einstellen, andererseits können wir nicht »aus unserer Haut« – unsere Mentalität ist Teil unserer Identität.

Eine schnelle Lösung wäre es, sich in »How to survive in ...«-Büchern mithilfe von Listen mit »Dos and Don'ts« über die Regeln in anderen Ländern zu informieren. All diese Bücher greifen jedoch zu kurz. Die dort vorgeschlagenen Verhaltensregeln passen nicht zu der Realität, die wir vorfinden.

In sogenannten Kulturstandards oder Länderprofilen werden die Charakteristika unterschiedlicher Nationen aufgelistet. Wir finden Informationen darüber, welche Dos and Don'ts es in Indien, China oder Ägypten gibt. Damit ist es dann möglich, die gröbsten Fettnäpfchen zu vermeiden und unsere Projekte nicht durch Respektlosigkeiten und Blamagen zu gefährden (vgl. Thomas 2003).

In Ländern wie Indien und China, aber auch in der arabischen Welt – in Doha, Dubai oder Abu Dhabi – findet ein rasanter sozialer Wandel statt. Es gibt nicht nur »ein« Indien: Die Atmosphäre in den IT-Hochburgen im südlichen Indien unterscheidet sich beträchtlich von der ländlicher Gegenden z. B. in Rajastan in Nordindien. Aber selbst in den modernen Städten des Südens finden sich mittelalterliche Lebensbedingungen in Laufreichweite zu avantgardistischen Bürotürmen und Ladenpassagen mit Starbucks, McDonald's und Prada. Es geht hier also nicht nur um die nationale Kultur. Oft ist es die Kultur einer Region, die den relevanten Unterschied in interkulturellen Begegnungen macht. Gleichzeitig müssen wir aber auch fragen, in welchem Milieu und in welcher Branche wir uns bewegen. Der wirklich relevante Kulturunterschied in einer bestimmten Situation ist die Schnittmenge aus all diesen Aspekten.

Die Beschreibungen »richtiger« Verhaltensweisen und die Inhalte von Leitfäden für eine gelingende interkulturelle Kommunikation veralten teilweise schneller, als sie geschrieben werden können. Andere Ansätze empfehlen, uns von allem Wissen über fremde Kulturen zu verabschieden und den interkulturellen Unterschieden mit einem besonders aufmerksamen Blick zu begegnen. Es wird gefordert, dass wir uns fremden Kulturen mit *cultural awareness* und einer grundsätzlichen Offenheit nähern, und behauptet, dass wir durch *cultural awareness* einen Zugang zur spezifischen Kultur unseres Gegenübers fänden (vgl. Green 1999).

Aber auch dieser Ansatz ist zu schlicht. Denn allein das Bewusstsein, dass es Unterschiede gibt, lässt uns noch keine Handlungsoptionen entwickeln. In unserem Arbeitsalltag haben wir zudem in den seltensten Fällen ausreichend Gelegenheit zu solch einem tastenden Vorgehen. Projekte und Unternehmungen müssen in engen Zeitfenstern koordiniert und zum Erfolg geführt werden.

Wenn wir alleine den Dos und Don'ts folgen, laufen wir Gefahr, dass wir uns an Leitfäden halten, die in keiner Weise unsere Handlungsfähigkeit vergrößern, sondern zu noch mehr Irritationen und Missverständnissen führen. Das Gleiche gilt für einen reinen *Awareness*-Ansatz: Er stellt keine Handlungsmöglichkeiten zur Verfügung, und wir riskieren, zu viel Zeit mit der Erkundung interkultureller Differenzen zu verbringen.

Ein Metamodell anstatt Dos and Don'ts oder Awareness

Ein effektiver Ansatz zum erfolgreichen Handeln im internationalen Umfeld sollte sowohl das *Wissen über* andere Kulturen als auch eine *nützliche Haltung* ihnen *gegenüber* vermitteln.

Das Definieren von Listen mit Dos and Don'ts ist nicht flexibel genug, um der Unterschiedlichkeit und dem steten Wandel von Gesellschaften gerecht zu werden. Viel hilfreicher als solche Listen kann ein Metamodell kultureller Unterschiede sein, das es uns erlaubt, in flexibler Weise Annahmen über kulturelle Besonderheiten in einem bestimmten Umfeld zu entwickeln. Dieses Metamodell muss einerseits der Dynamik der sozialen Entwicklungen und der Heterogenität von Kulturen gerecht werden und uns andererseits davor schützen, blindlings in die Fettnäpfchen interkultureller Kommunikation zu treten. Es kann uns auf zu erwartende Schwierigkeiten und Konflikte vorbereiten und Hypothesen und Ideen ermöglichen, wie solche Probleme bearbeitet werden können.

Ein solches Metamodell gestattet es, sich in bestimmten, spezifischen Kulturen zurechtzufinden, und dient als Rahmenmodell für die Navigation in uns unbekannten Kulturen. Es kann sich nicht ausschließlich auf die Charakteristika einer Nation beschränken, sondern muss den unterschiedlichen Kulturen von Regionen, Organisationen, Professionen und Funktionen gerecht werden. Es ist dynamisch und nicht statisch.

Interkulturelle Kompetenz beschränkt sich keineswegs auf das Wissen über die Tücken in der Kommunikation und die Unterschiede z. B. zwischen Taiwan und dem chinesischen Festland.

Im Laufe unserer 15-jährigen Beratungstätigkeit in Projektbegleitungen, Begleitung von Change-Prozessen und Fusionen, als Führungskräfte, Personalentwicklerinnen und Coachs haben wir ein solches Metamodell entwickelt und angewendet, einen Ansatz, der:

- das notwendige Wissen über Kulturen einbezieht
- die notwendige Haltung gegenüber anderen Kulturen betont
- Techniken für die Bewältigung interkultureller Herausforderungen bereitstellt.

Dieser Ansatz ist in ein Lernmodell bezüglich interkultureller Kompetenz eingebettet. Denn kulturelle Kompetenz ist das Resultat eines langfristigen Lernprozesses.

Wie für einen Tiefseefisch, der es gewohnt ist, in 1000 m Tiefe mit ca. 100 bar Druck auf den Schuppen zu leben, und diesen Druck, diese »kulturelle« Prägung, erst spürt, wenn er an die Wasseroberfläche aufsteigt und sich das »Körpergefühl« ändert, so ist der erste Schritt in diesem Lernprozess die *cultural self awareness*. Erst durch unsere Reaktionen auf andere Kulturen verstehen wir unsere eigene kulturelle Prägung. Genau wie der Fisch können wir unser eigenes Sosein nicht verstehen, wenn wir uns ausschließlich in unserem eigenen kulturellen Umfeld bewegen.

Was zum Teufel ist Wasser?

Abb. 1: Was ist Kultur?

Erst wenn wir interkulturelle Erfahrungen gemacht und uns in fremde Umfelder begeben haben, lernen wir, die Prägung anderer zu verstehen. Mit unserem Metamodell können wir einerseits Hypothesen dazu aufstellen, wo die größten Gefahren lauern, und andererseits Missverständnisse, in die wir geraten sind, besser begreifen und auflösen.

Es gibt eine Reihe von Techniken, die es uns ermöglichen, uns leichter zwischen Kulturen zu bewegen und aus unseren Erfahrungen zu lernen. Fremde Kulturen fordern uns heraus, unsere Annahmen bezüglich der Realität (»Was ist wahr?«) und des normalen Verhaltens (»Was ist normal?«) zu überprüfen. Sie regen uns an, von unseren bequemen Routinen Abstand zu nehmen und uns und unser Gegenüber neu zu entdecken. Dies ist das besonders Faszinierende am internationalen Arbeiten: ein lebenslanger positiver und spannender Lernprozess.

Der Reiz interkultureller Arbeit besteht gerade darin, dass das Wissen und Können immer wieder auf die Probe gestellt werden. Ich lerne noch immer.

Mit dem vorliegenden Buch möchte ich die Erfahrungen, die ich mit meinen Kollegen bei *Ute Clement Consulting* während 15 Jahren der Beratung bei internationalen Change-Prozessen, Begleitung von Fusionen, Unternehmensübernahmen und Projekten gemacht habe, in systematischer und leicht zugänglicher Weise präsentieren. Dabei sollen auch bewährte und neue wissenschaftliche Ansätze einfließen, ohne dass dabei die Ausführungen in einen trockenen wissenschaftlichen Monolog abrutschen.

Unser Ansatz hat sich über die Jahre entwickelt und ist die Grundlage unserer Tätigkeit als interkulturelle Organisationsberater. Der Ansatz unterscheidet sich von anderen dadurch, dass wir Kultur nicht losgelöst von anderen Themen sehen, sondern in all unsere Beratungsaufträge miteinbeziehen. Wir behandeln interkulturelle Themen dann, wenn sie für unser Klientensystem und im Verlauf des Beratungsprozesses anstehen – und nicht grundsätzlich vor oder nach einem bestimmten Prozessschritt (vgl. Clement u. Nemeczek 2000). Nicht überall dort, wo Menschen mit unterschiedlichen kulturellen Hintergründen aufeinandertreffen, ist Kultur ein relevanter Aspekt der Zusammenarbeit.

Ein solches Verständnis von Beratung setzt voraus, dass wir als interkulturelle Berater alle Perspektiven zur Verfügung haben: sowohl die systemische Beratungsperspektive als auch die Businessperspektive und die interkulturelle Perspektive (vgl. Clement a. Krejci 2009).

1. Herausforderung Kultur

1.1 Was Kultur kosten kann

Der Einfluss kultureller Faktoren auf den Erfolg wirtschaftlicher Unternehmungen ist schwer in Zahlen zu fassen. Seit dem Beginn der 90er-Jahre des vergangenen Jahrhunderts gibt es jedoch zumindest im Bereich der Forschung zu internationalen Fusionen ein vermehrtes Interesse an Kultur. So zeigen verschiedene Studien des *Institute for Mergers & Acquisitions* und des *British Institute for Management*, dass die Integration kultureller Divergenzen einen entscheidenden Einfluss darauf hat, ob die Umsätze der beteiligten Firmen nach einer Fusion gesteigert werden können (vgl. Schneck 2004).

Die in den genannten Studien interviewten Manager betonten, dass neben anderen Faktoren insbesondere Unterschiede in der Art und Weise, wie Entscheidungen getroffen und kommuniziert werden, für die Nichterreichung angestrebter Ziele verantwortlich sind (vgl. 5.3.4). Die unterschiedlichen Managementstile, Arbeits- und Entscheidungsroutinen schränken die angestrebten Synergieeffekte ein.

Der Modus, nach dem Führung und Entscheidungsfindung innerhalb von Unternehmen vollzogen werden, ist ein Produkt der jeweiligen Unternehmenskultur. Über den Erfolg oder Misserfolg von Fusionen entscheidet unter anderem die Passung der unterschiedlichen Unternehmenskulturen (vgl. 1.5).

1.2 Kultur kompakt

Aber wie lässt sich Kultur verstehen? Der Begriff der Kultur wird ganz unterschiedlich verwendet. Ein Blick auf die Geschichte des Worts lässt uns die vielfältigen Bedeutungen und Verwendungszwecke verstehen, welche es in unterschiedlichen Epochen und unterschiedlichen Kontexten angenommen hat und annimmt (vgl. Baecker 2003). Ursprünglich bezeichnete das Wort die Pflege der Felder und den Ackerbau. Also die Sorge um die und die Pflege der Grundlagen der menschlichen Existenz.

Im Mittelalter wurde der Begriff dazu verwendet, die Verehrung gegenüber religiösen und künstlerischen Dingen zu beschreiben. Diese Bedeutung spiegelt sich auch heute noch in der Verwendung des

Begriffs in Bezug auf die künstlerischen Produkte einer Kultur. Kultur bezeichnet Kulturgüter wie Tanz, Essen, Malerei, Literatur und Musik. Im 18. und 19. Jahrhundert entwickelte sich dann der moderne Kulturbegriff, der Kultur als etwas ansieht, das bestimmte Nationen, Völker oder Stämme »besitzen«. Der Begriff bezieht sich hier auf die Art und Weise, wie soziale Gruppen die Wirklichkeit verstehen und in ihr handeln. Die Kultur ist der Bedeutungsrahmen, durch den wir die Welt erklären können. Kultur ist wie eine Brille, durch die wir das Geschehen um uns herum interpretieren.

1.3 Nur ein Kuss?

Das wird insbesondere dort deutlich, wo es um vermeintliche Kleinigkeiten geht, die wir für selbstverständlich halten.

Wie würden Sie die folgende Situation in Frankreich beurteilen? – Sie sind mit einem neuen Kollegen bei einem Meeting und warten auf die anderen Teilnehmer. Als die erste weitere Kollegin den Raum betritt, steht Ihr männlicher Kollege auf und begrüßt die Dame mit einem Küsschen pro Wange. Wie würden Sie diese Geste deuten?

Wahrscheinlich würden Sie annehmen, dass die beiden – vielleicht schon seit Jahren – bekannt und auch ein wenig vertraut sind, möglicherweise sogar eine über das Arbeitsverhältnis hinausgehende Beziehung haben. Dies muss aber durchaus nicht der Fall sein. Küsse auf die Wange gehören in Frankreich zum allgemeinen Begrüßungsstandard, während sie in Deutschland nur unter sehr vertrauten Freunden üblich sind.

Blicken wir also mit unserer deutschen Brille auf das französische Begrüßungsverhalten, interpretieren wir wahrscheinlich zu viel in die beobachteten Gesten hinein.

Interessant wird es dann, wenn wir mit solchen Voraussetzungen an dieses Begrüßungsverhalten anschließen möchten. Natürlich ist es wichtig, sich auf die »Gepflogenheiten« anderer Kulturen einzulassen. Aber Begrüßungskuss ist eben nicht gleich Begrüßungskuss! In Fernsehreportagen über große internationale Treffen lassen sich die Gefahren der Imitation kultureller Muster auf höchster Ebene regelmäßig beobachten.

Der französische Begrüßungskuss berührt die Wange der oder des Begrüßten nicht, man umarmt sich nicht. Es ist ein angedeuteter Kuss ohne Körperberührung. Wenn Deutsche den Begrüßungskuss imitieren, beziehen sie fast automatisch eine Umarmung mit ein. Die in Frankreich übliche körperliche Distanz wird dabei nicht eingehalten, was Irritationen beim Gegenüber auslöst. Denn mit diesem Verhalten wird aus französischer Perspektive die Grenze zur Privatsphäre überschritten. Durch die deutsche Brille gesehen, ist genau dies jedoch schon viel früher geschehen, nämlich als der Begrüßungskuss einem Handschlag vorgezogen wurde.

Wenn sich in der oben beschriebenen Situation der deutsche Kollege französisch geben möchte und die französische Kollegin mit einer kräftigen Umarmung und einem Kuss pro Wange begrüßt, wäre diese Kollegin wohl von der unerwarteten Tuchfühlung mit der deutschen Seite überrumpelt und würde die enge Umarmung und den Kuss auf die Wange als ungebührendes Eindringen in ihre Privatsphäre werten – und entsprechend überrascht, ablehnend oder unterkühlt reagieren. Auf die Verletzung ihrer Privatsphäre reagieren Franzosen ziemlich ablehnend.

Auf der deutschen Seite würde diese Ablehnung wiederum mit Unverständnis wahrgenommen werden.

Die unterschiedlichen Bedeutungsrahmen, durch die wir die Situation interpretieren, führen zu solchen konträren Reaktionen. Eine Umarmung und ein Begrüßungskuss sind in Deutschland Zeichen für Vertrautheit und nur zwischen Personen, die sich gut kennen, üblich. In Frankreich ist der Kuss (ohne Umarmung) jedoch ein normales Begrüßungsritual und setzt keine Vertrautheit voraus. Wird das deutsche Konzept auf die distanzierte französische Begrüßung übertragen und danach *gehandelt*, kann dies auf beiden Seiten missverstanden werden und zu großer Verwirrung führen.

Das soziale Miteinander ist in der französischen Kultur durch eine Vielzahl von Anstandsregeln, Ritualen und Codes geregelt. Darüber hinaus gilt die Privatsphäre eines Franzosen als unantastbar. Wie sonst wäre es möglich, dass der ehemalige französische Präsident François Mitterand über Jahre hinweg öffentlich eine Geliebte hatte, ohne dass dies von der sonst so skandalfreudigen Boulevardpresse als Thema aufgegriffen wurde?

Ein Verstoß gegen die oben genannten Regeln wirft kein gutes Licht auf die Handelnden und bestätigt (wie in unserem Beispiel) die französische Vorannahme, dass Deutsche keine »Kultur« besitzen und letztendlich »Barbaren« sind.

Das Bild der Franzosen in Deutschland wiederum ist – von der Anerkennung des Savoir-vivre abgesehen – stark vom »arroganten Bourgeois« durchsetzt. Reagiert die französische Seite abwertend, z. B. auf den eigentlich gut gemeinten Begrüßungskuss, so wird diese deutsche Interpretation des »französischen Charakters« bestätigt.

1.4 Kultur als Interpretationsrahmen für die Welt

Die deutsche und die französische Kultur beeinflussen in unserem Beispiel sowohl die Interpretation der Situation als auch die Bedeutung, welche Handlungen und Gesten zugeschrieben wird. Der Begrüßungskuss hat in Deutschland und Frankreich eine jeweils andere Bedeutung und impliziert unterschiedliche Bewertungen, Handlungen und Beziehungen zwischen den Beteiligten. Der eigene Bedeutungsrahmen ist allen Mitgliedern einer Kultur vertraut. Es ist selbstverständlich, nach diesen Mustern zu denken und zu handeln.

Diese Selbstverständlichkeit ist notwendig, damit wir zusammenarbeiten und -leben können. Sie erleichtert die Kommunikation, ermöglicht die Vermeidung von Reibungsverlusten und erlaubt es uns, in einer komplexen Welt zu handeln. Wie anstrengend wäre es, wenn wir unserem Kollegen immer wieder erklären müssten, wie wir uns in Deutschland oder Frankreich begrüßen müssen? Unsere Kultur definiert unsere Realität und prägt den Blick, den wir auf die Welt und unser Miteinander haben. Sie prägt aber auch die Art, wie wir Geschäfte machen und nach welchen Dingen wir streben.

1.5 Ein deutscher Leitwert: »Qualität«

Markenzeichen deutscher Autohersteller sind Qualität und technische Perfektion. »Qualität« ist der entscheidende Leitwert der deutschen Automobilindustrie, die auf eine lange Tradition zurückblickt und weltweit für ihre hohen Standards und technischen Innovationen berühmt ist. Maßgeblich geprägt ist sie durch die deutsche Kultur, in der die Sicherstellung der Qualität des Produkts als Grundlage wirtschaftlichen Erfolgs gilt. Unter »Qualität« wird dabei technische Perfektion und handwerkliche Meisterleistung verstanden.

Demgegenüber finden sich bei nordamerikanischen Automobilproduzenten andere Leitwerte. Als Henry Ford das erste Fließband in die Automobilproduktion einführte, war die Idee dahinter nicht die Sicherstellung eines an Perfektion grenzenden Qualitätsstandards. Das Fließband führte er ein, um eine günstige und standardisierte Produktion zu ermöglichen. Oberster Leitwert war die optimale Nutzung der vorhandenen Ressourcen. Natürlich war auch die Sicherstellung von Qualität und Sicherheit der Fahrzeuge wichtig, aber nicht in demselben Ausmaß wie in Deutschland.

Diese unterschiedlichen grundlegenden Werte der deutschen und der amerikanischen Autoproduktion sind immer noch handlungsleitend. Wenn die Leitwerte zwischen Geschäftspartnern nicht übereinstimmen, kommt es zu Fehlinterpretationen und Holprigkeiten in der gemeinsamen Entscheidungsfindung – und zwar deshalb, weil die Leitwerte der Kultur als Grundlage für Entscheidungen herangezogen werden. Wie wir Informationen gewichten und welche Entscheidungsalternativen uns attraktiv erscheinen, hängt von unseren Bewertungskriterien ab. Diese beruhen wiederum auf den kulturellen Bedeutungs- und Interpretationsrahmen und den Normen und Werten, die bestimmen, was als wünschens- und erstrebenswert gilt.

Diesbezügliche kulturelle Unterschiede werden jedoch allzu häufig nicht bedacht, denn es fehlt an Fähigkeiten, die einen effektiven und produktiven Umgang mit diesen Differenzen ermöglichen. Doch kulturelle Kompetenz ist heute auf jeder Ebene des Unternehmens wichtig: für Entscheidungsträger und Manager in der Strategiefestlegung genauso wie für Projekt- und Teamleiter oder Verantwortliche und Mitarbeiter der Human-Resources-Abteilung. Und auch Berater, Trainer und Coachs brauchen den Blick für die interkulturelle Thematik und ein tragfähiges Modell, welches einen nachhaltigen und effektiven Umgang mit kulturellen Unterschieden ermöglicht – ein Modell, das in der Anwendung dazu führt, dass wir interkulturell kompetenter werden.

2. Interkulturelle Kompetenz

Interkulturelle Kompetenz ist die Fähigkeit, über kulturelle Grenzen hinweg effektiv zu kommunizieren, zu handeln und Brücken zwischen unterschiedlichen Kulturen zu schlagen. Sie ist die Fähigkeit, das eigene kulturelle So-geworden-Sein und das anderer Menschen in die Bewertung einer Situation mit einzubeziehen und bei Entscheidungen zu berücksichtigen. Sie ist die Fähigkeit, zwischen unterschiedlichen Bedeutungsrahmen und Entscheidungskriterien zu vermitteln. Und schließlich ist sie vor allem die Kompetenz, aus eigenen interkulturellen Erfahrungen zu lernen und Techniken an der Hand zu haben, mit denen wir unsere Erfahrungen in neue Verhaltensweisen übersetzen können. Alles Wissen über Kulturen nutzt nichts, wenn wir nicht in der Lage sind, dieses Wissen in interkulturellen Situationen auch zu gebrauchen.

2.1 Kommunikative und soziale Kompetenz

Interkulturelle Kompetenz zeigt sich vor allem in der Kommunikation und Interaktion. Deshalb ist die Grundlage kultureller Kompetenz eine gute Kommunikationsfähigkeit (kommunikative Kompetenz) und die Fähigkeit, die eigene Lage bzw. Stimmung und die des Umfelds einzuschätzen und sich darauf einzustellen (soziale Kompetenz). In interkulturellen Kontexten ist ein Gefühl für den richtigen Ton und die Sensibilität gegenüber uns selbst und anderen besonders wichtig, da wir nicht davon ausgehen können, dass unsere Gegenüber genauso denken, fühlen und handeln wie wir. Verhaltensweisen und Äußerungen, deren Bedeutung in unserer Kultur eindeutig ist, haben in anderen Kulturen eine unterschiedliche, vielleicht auch eine gegenläufige Bedeutung. Dementsprechend müssen wir uns gegebenenfalls flexibel auf unsere Gegenüber einstellen und unsere Kommunikationsweise anpassen.

Unsere kommunikativen und sozialen Fähigkeiten sind innerhalb einer bestimmten Kultur gewachsen und von den Spielregeln, Interpretationsrahmen und Wertvorstellungen dieser Kultur geprägt. Wir sind hochkompetent in Situationen, in denen wir davon ausgehen können, dass unser jeweiliges Gegenüber Dinge auf die gleiche Art und Weise wahrnimmt, interpretiert und bewertet, wie wir es tun.

Die Komplexität einer Situation ist größer, wenn die *gemeinsamen* Interpretationsrahmen fehlen. In einem solchen Fall kommt es leicht dazu, dass Äußerungen und Handlungen missverstanden werden und der effektive Austausch von Informationen ins Stocken gerät. Durch diese Missverständnisse wird die Beziehung als solche gefährdet, und das Vertrauen ineinander und in das Projekt kann verloren gehen. Die Aufgabe interkultureller Beratung ist es, einen gemeinsamen Interpretations- und Bezugsrahmen herzustellen. Der Kick-off-Workshop ist bei gemischt-kulturell zusammengesetzten Projektteams entscheidend, da hier ein gemeinsames Bild und gemeinsame Regeln für den Umgang miteinander entwickelt werden können (vgl. 5.3). Dafür ist aber nicht immer genug Zeit, und deshalb brauchen wir Wissen über die Funktionsweisen von Kultur. Wenn wir an einem Projekt mit französischen Kollegen beteiligt sind, sollten wir uns Informationen darüber beschaffen, nach welchen Regeln und Mustern die Kommunikation in Frankreich abläuft. Die Bedeutung eines Begrüßungskusses ist dafür nur ein Beispiel.

Das entsprechende Wissen kann aber nur angewendet werden, wenn es uns möglich ist, es in unsere Handlungen einfließen zu lassen, und wenn wir uns unterschiedlichen Kommunikationsstilen flexibel anpassen können. Mit anderen Worten: Wir brauchen kommunikative und soziale Kompetenzen, um interkulturell kompetent werden zu können.

Wie jeder andere Lernprozess verändert uns auch der Aufbau interkultureller Kompetenz. Die Begegnung mit fremden Kulturen ist nicht immer einfach und stellt uns vor neue Herausforderungen. Weshalb die Verlegung des beruflichen Umfeldes oder eine Umstrukturierung häufig durch interkulturelle Einzel- oder Gruppencoachings begleitet wird.

2.2 Anpassung und Identität

2.2.1 Warum müssen immer *wir* uns anpassen?
In interkulturellen Coachings ist die Frage nach dem Grad der kulturellen Annäherung häufig ein Thema. Die Forderung nach Flexibilität und der Anpassung an fremde Kulturen stößt häufig auf Widerstand. Dabei ist eine der am häufigsten gestellten Fragen:»Warum müssen immer wir uns anpassen?« Dieser Frage liegt die Vorstellung zugrunde, dass diejenige Kultur, welche sich anpasst, weniger wichtig ist als

die Kultur, die sich nicht anpassen muss. Diese Wertung beruht häufig auf der Annahme, dass es *nur einen* richtigen oder besten Weg gibt und dass Anpassung »sich unterwerfen« bedeutet. Diese Vorstellung ist Teil einer *ethnozentristischen Perspektive* und steht der Entwicklung interkultureller Kompetenz im Weg.

Dabei geht es in interkulturellen Begegnungen nicht um die Frage, wer sich wem anpasst oder wer die Kultur des anderen erlernt, sondern darum, wie man flexibel reagieren und die eigene Wahrnehmung der Welt als relativ und nicht gottgegeben ansehen kann. Damit gemeinsame Unternehmungen zum Erfolg geführt werden können, ist es wichtig (und auch sehr spannend), eine gemeinsame Ebene zu finden, auf der eine fruchtbare Kooperation aufbauen kann.

Dazu ist es notwendig zu erkennen, dass die Art und Weise, wie wir selbst durch unsere kulturelle Brille auf die Welt schauen, eine unter vielen tatsächlich möglichen Perspektiven ist. Diese *ethnorelativistische Perspektive* ist ein Teil interkultureller Kompetenz. Wenn wir im Zuge unserer Unternehmungen bestimmte Verhaltensweisen und Sichtweisen strategisch anpassen, machen wir notwendige Schritte, um unserem Gesprächspartner respektvoll gegenüberzutreten.

In Deutschland wird beispielsweise der »Small Talk«[1] häufig als Zeitverschwendung betrachtet, und nicht wenige tun sich schwer dabei, zu akzeptieren, dass er in anderen Kulturen ein notwendiger und elementarer Bestandteil jeder Kommunikation ist. In Deutschland gibt es so etwas wie ein »Authentizismusdogma« – der Ausdruck der »wahren« eigenen Meinung, Stimmung und Befindlichkeit ist hoch geschätzt. Verstöße gegen dieses Dogma werden implizit verurteilt. Man kann Deutsche völlig aus dem Konzept bringen, wenn man sie als nicht authentisch oder gar als »gespielt« bezeichnet.

Ohne grundlegende Informationen übereinander und ohne eine Phase des Warmwerdens und Kennenlernens können Menschen, in deren Kultur »Small Talk« wichtig ist, aber nicht arbeiten. Er ist ein wichtiges Element der Zusammenarbeit, durch das Vertrauen aufgebaut und die Rahmenbedingungen des Treffens sondiert werden. Deutsche steigen häufig direkt in das inhaltliche Thema ein und werden damit dem Bedürfnis nach »Small Talk« nicht gerecht. Deutsche

---

1 »Small Talk« wird hier in Anführungszeichen gesetzt, da das »small« dazu verführen könnte, diesen Aspekt der Kommunikation als unwichtig zu betrachten. In vielen Ländern und Regionen, zum Beispiel in Indien oder im Mittleren Osten, ist »Small Talk« eigentlich »Big Talk«, denn in ihm wird der soziale Status der Gesprächspartner offengelegt und kommuniziert.

kennen dieses Bedürfnis häufig nicht und sehen darin nichts als Zeitverschwendung. Deshalb wollen viele von ihnen die Fähigkeit dazu gar nicht erst erlernen. »Small Talk« wird oft als oberflächliche und als nicht authentische Kommunikation abgewertet. Diese Abneigung gegen bestimmte uns ursprünglich fremde Verhaltensweisen ist ein Kernproblem im Umgang mit anderen Kulturen.

Verhaltensweisen, die in einer bestimmten Kultur als normal gelten, sind es in anderen Kulturen häufig nicht. Die Werte und Normen einer Kultur, das, was als gut und wünschenswert gilt, können in einer anderen Kultur bedeutungslos sein oder abwertend betrachtet werden. Bei Coachings wird dem Erlernen von Verhaltensweisen, die der eigenen Kultur fremd sind, deshalb häufig sehr kritisch begegnet. Die Betroffenen haben das Gefühl, dass sie sich (ihr »wahres« Selbst) verbiegen müssen, um sich die neuen Verhaltensweisen aneignen zu können.

Dieser Widerstand ist im Kern in einer ethnozentristischen Haltung gegenüber anderen Kulturen und in den Vorstellungen, die wir von uns selbst und von Veränderung haben, begründet. Veränderungen sind selten einfach, da wir Verhaltensmuster und Interpretationsrahmen verändern müssen, die uns lange Jahre begleitet und unser Verhalten und Erleben gesteuert haben. Zwei Dinge sind deshalb bei interkulturellen Coachings wichtig.

Erstens geht es darum, die entsprechenden Verhaltensweisen aus der Sicht der fremden Kultur zu erklären. Verhaltensweisen, Normen und Werte sind in bestimmten Kulturen nützlich. Sie bestehen nur deshalb, weil sie innerhalb des Interpretationsrahmens einer Kultur Sinn ergeben und im sozialen Miteinander funktionieren. »Small Talk« z. B. ist ein zentraler und wichtiger Bestandteil des sozialen Miteinanders in vielen Kulturen und erfüllt dort wichtige Funktionen.

Zweitens wird bei Coachings häufig am Selbstverständnis der zu beratenden Person gearbeitet. Das Erlernen von Verhaltensweisen und Kommunikationsstrategien, die wir aus unserer Kultur nicht kennen, wird häufig mit einem Verlust der eigenen Identität in Verbindung gebracht. Wir sollen etwas aufgeben, das eigentlich zu uns gehört – wie zum Beispiel die Ablehnung von »Small Talk« und die Verpflichtung, eine Aufgabe effektiv und zielorientiert voranzubringen.

Doch im Kontakt mit anderen Kulturen müssen unsere eigenen kulturellen Werte und Gewohnheiten oftmals zurückstehen. Das bedeutet aber durchaus nicht, dass wir uns damit verraten. Im Gegenteil:

Das Erlernen neuer Verhaltensweisen und ihr Gebrauch in *spezifischen* Kontexten muss als notwendige Erweiterung unserer Handlungsmöglichkeiten gesehen werden, wenn wir uns effektiv zwischen Kulturen bewegen wollen. Wir geben uns damit nicht auf. Alle Menschen haben ein Potenzial dafür, unterschiedlichste Dinge zu tun und sich auf eine Vielzahl verschiedener Weisen zu verhalten und zu handeln. Anstatt unsere eigenen Fähigkeiten durch die Veränderung und die Erweiterung unseres Verhaltensrepertoires verwelken zu lassen, fügen wir diesem Blumenstrauß unserer Möglichkeiten ein paar exotische Blumen hinzu.

2.3 Aspekte interkultureller Kompetenz

Interkulturelle Kompetenz umfasst fünf miteinander verbundene Aspekte, die alle entwickelt werden müssen, damit wir interkulturell effektiv handeln können (vgl. das Modell von TMC).[2]

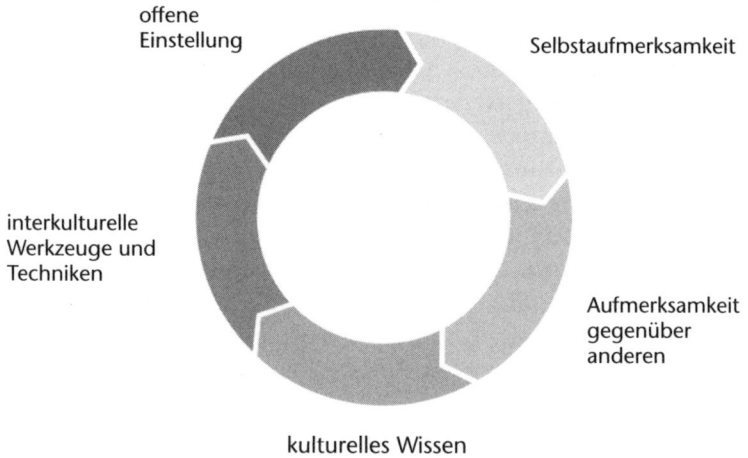

Abb. 2: *Fünf Aspekte interkultureller Kompetenz*

2.3.1 Eine offene Haltung
Grundlegend für jede interkulturelle Begegnung ist die Bereitschaft, sich auf andere Kulturen einzulassen. Es geht hier um eine *offene*

---

2 vgl. www.culturalnavigator.com

Haltung gegenüber anderen Kulturen. Sie ist die Grundhaltung, die es uns ermöglicht, uns auf neue Denk- und Verhaltensweisen einzulassen. Sie ist der Startpunkt des Prozesses, den der »interkulturelle Lernzirkel« (Abb. 2) veranschaulicht.

Bei interkulturellen Begegnungen treffen wir auf Menschen mit anderen Werten und Verhaltensweisen, welche aus unserer Perspektive oftmals gar keinen Sinn ergeben. Wir können nicht verstehen, warum beispielsweise unsere chinesischen Kollegen gegenüber ihrem Vorgesetzten keine Kritik äußern oder warum wir mit unseren amerikanischen Kollegen zuerst das Wetter oder Sportergebnisse diskutieren müssen, bevor es an die eigentliche Arbeit geht. Diese Verhaltensunterschiede sind weder beliebig noch belanglos, sondern durch unterschiedliche kulturelle Interpretationsrahmen und Werte begründet. Innerhalb einer anderen Kultur ergeben die aus unserer Sicht unverständlichen Verhaltensweisen aber durchaus Sinn!

In der chinesischen Kultur wird z. B., wie in vielen asiatischen Kulturen überhaupt, der Gesichtswahrung eine enorme Bedeutung beigemessen. Durch Kritik – und sei sie inhaltlich noch so gut begründet – verliert der Kritisierte sein Gesicht. Den Gesichtsverlust eines Vorgesetzten zu riskieren wäre ein grober Fehltritt und wird deshalb mit allen Mitteln vermieden. Da uns der Sinn dieses Verhaltens nicht zugänglich und ihre innere Logik nicht vertraut ist, sind wir irritiert, wenn unsere chinesischen Kollegen ihren Vorgesetzten nicht auf offensichtliche inhaltliche Fehler hinweisen.

Aus deutscher Sicht wird ein solches Verhalten eher als feige oder opportunistisch interpretiert, und wir ärgern uns, weil wir etwa den Erfolg eines Projekts durch dieses »Duckmäusertum« der chinesischen Kollegen in Gefahr sehen. – Wie kann das Projekt erfolgreich sein, wenn es nicht möglich ist, inhaltliche Kritik frei zu äußern?

Die Zusammenarbeit mit Menschen aus einem anderen Kulturkreis ist deshalb herausfordernd, weil die Werte und Normen, die wir für selbstverständlich halten, in anderen Kulturen nicht gelten. Unsere kulturelle Prägung hat uns eine Weltsicht vermittelt, von der wir annehmen, dass sie die einzig richtige ist. Da sich in unserer eigenen Kultur alle an die uns gewohnten Regeln halten, setzen wir voraus, dass die in unserer Kultur geltenden Verhaltensnormen sinnvoll sind. Wir neigen dazu, unsere eigene Kultur für »realer« und »wahrer« als andere zu halten. Wir gehen unbewusst davon aus, dass die uns von unserer Kultur vermittelten Vorstellungen von der Welt grundsätzlich mit der Realität übereinstimmen (vgl. Bennett 1998b).

Aus diesem Grund werden unsere Annahmen darüber, was normal und angemessen ist, durch interkulturelle Kontakte infrage gestellt.

Um zu unserem Beispiel zurückzukehren: Für Deutsche ist es normal und wird es sogar gefordert, inhaltliche Kritik relativ offen zu äußern. In Deutschland werden der freie Austausch und die gegenseitige inhaltliche Kritik sogar oft als zentrale Erfolgsfaktoren gelingender Kooperation gesehen. Versuchen wir nun, mit dieser Vorstellung und Haltung mit Chinesen zu kooperieren, so kann dies zu erheblichen Missverständnissen führen, etwa wenn der chinesische Projektleiter einen Überblick über ein neues Projekt gibt und die deutschen Mitarbeiter den Projektleiter unterbrechen. Dies kann in bester Absicht geschehen, vielleicht will ein Teilprojektleiter oder Experte Sachverhalte richtigstellen, die in die Verantwortung der Deutschen fallen. Doch dieses Auftreten kann dazu führen, dass die deutsche Seite eisiges oder betretenes Schweigen hervorruft, weil die ungeschriebenen Regeln des Kritikübens verletzt und die Kompetenz und der Status des Projektleiters dadurch untergraben wurden. Während diese Reaktion von deutscher Seite dann als Feigheit oder fehlendes Verständnis interpretiert werden könnte, könnten die chinesischen Partner ihrerseits die wiederholten Einwürfe durch die Deutschen als ungebührlich, respektlos und nicht angemessen betrachten.

Ähnlich wie bei dem bereits beschriebenen deutsch-französischen Missverstehen kann sich nun schnell auf beiden Seiten die Tendenz entwickeln, das Verhalten der Gegenseite abzuwerten, weil es nicht den eigenen kulturellen Normen entspricht. Dadurch droht die Situation eine neue, unproduktive Dynamik zu gewinnen. Das wäre hier der Fall, wenn die deutsche Seite eine offene Kultur der Kritik etablieren möchte, deshalb zunehmend Kritik äußert und schließlich das Vorgehen der chinesischen Seite *in toto* abwertet.

Solche kritischen Situationen müssen verhindert werden. Eine *offene, nicht gleich bewertende Haltung* gegenüber kulturellen Unterschieden ist deshalb ein guter Startpunkt und immer wieder Ausgangspunkt für ein interkulturell kompetentes Handeln.

Offenheit bedeutet dabei erstens die Akzeptanz verschiedener Normen und Werte, ist also einer ethnorelativistischen Perspektive zuzuordnen: Wir lernen zu akzeptieren, dass es unterschiedliche Sichtweisen gibt und dass diese Sichtweisen gleichermaßen richtig und wichtig sind. Die Weltentwürfe und Interpretationsrahmen unterschiedlicher Kulturen sind innerhalb dieser Kulturen valide und entsprechen dort einer »normalen« Sicht der Welt.

Zweitens bedeutet Offenheit, dass wir die Andersartigkeit der uns fremden Kulturen nicht vorschnell bewerten sollten. Menschen neigen dazu, Fremdes und Unverständliches abzuwerten. Denn sind wir durch Kulturunterschiede verunsichert, kann eben durch die Abwertung des Fremden wieder Sicherheit gewonnen werden: »Die spinnen, die Römer!« (Goscinny u. Uderzo 1972; vgl. auch 5.4). Kulturelle Offenheit heißt, diesem Abwertungsverhalten nicht zu verfallen, sondern vielmehr Räume für die Erkundung kultureller Differenzen offenzuhalten und die Differenzen als Bereicherung zu verstehen.

Nur wenn wir nicht bewertend, sondern *zunächst beschreibend* auf kulturelle Unterschiede reagieren, kann ein *gemeinsamer Bezugsrahmen* entwickelt werden. Nur dann gibt es Raum dafür, die Unterschiede zu explorieren und aus unseren Erfahrungen zu lernen.

2.3.2 Selbst- und Fremdaufmerksamkeit

Die Irritation, die wir in interkulturellen Begegnungen erleben, ist ein entscheidender Schlüssel zum Verständnis der Dynamik von Interaktionen und eine gute Grundlage zur Aufstellung von Hypothesen darüber, an welcher Stelle die Kommunikation ins Stocken geraten ist. Unsere negativen Emotionen, Verwirrungen, spontanen Ärgergefühle und die Hilflosigkeit, welche durch Missverständnisse, Kommunikationsprobleme und Fehlinterpretationen entstehen, geben wichtige Hinweise auf dem Weg durch den interkulturellen Dschungel.

Wollen wir diesen Weg finden, so müssen wir uns in erster Linie an diese Irritationen halten und mit ihnen arbeiten. Auch hier ist es entscheidend, dass wir nicht bewertend, sondern beschreibend mit unserem Erleben umgehen – ein Vorgehen, das von Vertretern der Ethnopsychoanalyse entwickelt wurde.

Ethnopsychoanalytiker wie Paul Parin, Mario Erdheim und Maya Nadig lebten über längere Zeiträume in verschiedenen Stämmen in Afrika und Mexiko (vgl. Parin 1992; Nadig 1997) und beschrieben die dortigen Kulturen anhand ihres eigenen Erlebens und ihrer eigenen Reaktionen auf diese Kulturen. So war es ihnen möglich, sowohl andere Kulturen zu beschreiben als auch die Subjektivität, also das Erleben, Fühlen und Denken der Person, die mit der Kultur interagiert, einzubeziehen. Weil es immer eine bestimmte Person ist, die mit ihrer Vorgeschichte, einer eigenen Lerngeschichte und einer speziellen Prägung in eine andere Kultur kommt, kann diese andere Kultur anhand der eigenen Reaktionen auf sie beschrieben werden.

Dabei ist die Aufmerksamkeit dem eigenen Befinden und den eigenen Emotionen gegenüber von entscheidender Bedeutung. Wenn wir erkennen können, worin unsere Irritation besteht und wodurch sie verursacht wurde, haben wir die Möglichkeit, unser Verhalten in ähnlichen Situationen zu verändern – eben etwas »anders zu machen«. Im gleichen Maß ist es notwendig, unseren Gesprächspartnern gegenüber aufmerksam zu sein. Auch sie sind kulturell geprägte Wesen mit ihren spezifischen Interpretationsrahmen und Verhaltensnormen. Nachdem wir unsere eigene kulturelle Geprägtheit erkannt haben, können wir auch die kulturellen Muster unseres Gegenübers erkennen und entschlüsseln. Nicht nur unsere, sondern auch die Reaktionen der anderen enthalten entscheidende Hinweise darauf, warum interkulturelle Verwicklungen auftreten.

Wenn beispielsweise chinesische Projektmitarbeiter auf Kritik sehr zurückhaltend reagieren und uns dies wütend macht oder lächerlich vorkommt, so ist darin bereits ein Hinweis enthalten, dass wir es mit einer kulturellen Irritation zu tun haben.

Die Ableitung von Handlungsmöglichkeiten aus unserem Erleben gelingt umso besser, je aufmerksamer wir gegenüber unserer eigenen Kultur (Selbstaufmerksamkeit) und gegenüber der kulturellen Prägung unseres Gegenübers (Fremdaufmerksamkeit) sind.

2.3.4 Kulturelles Wissen

Ein weiteres Element, das dazu beiträgt, sich sicher im internationalen Umfeld bewegen zu können, ist das Wissen über Kulturen. Basisinformationen über die Region, das Land, die Unternehmenskultur, die Branche in der jeweiligen Region helfen, sich zu orientieren.

Die Kenntnis der Grundlinien der geschichtlichen Entwicklung, der Hauptreligionen, der geografischen Gegebenheiten, der Sozialstruktur und des Aufbaus der Gesellschaft, der Wirtschaftsformen, Verhaltensnormen und Wertvorstellungen ist ein entscheidender Kompass bei der Etablierung tragfähiger Arbeitsbeziehungen.

Hierbei geht es nicht um ein umfassendes lexikalisches Wissen, sondern um ein *Minimum an Basiswissen*, das nicht unterschritten werden sollte. Auf dieser Grundlage kann man lernen und neue Erfahrungen integrieren. Wir können so vermeiden, dass wir mit fehlender Sensibilität von einem Fettnäpfchen ins andere stolpern und damit die Beziehung zu unseren Partnern und gleichzeitig auch langfristig unseren wirtschaftlichen Erfolg gefährden.

Das Gespräch verläuft in eine andere Richtung, nachdem man in Kanada gefragt worden ist, ob sich auch in Europa die Bäume im Herbst verfärben. Es gibt ein Minimum an Wissen, das nicht unterschritten werden darf, wenn man sich nicht als Gesprächspartner disqualifizieren möchte.

Natürlich kann man nicht für jedes Land, zu dem man potenziell geschäftliche Beziehungen unterhält, über detailliertes Wissen bezüglich der Eigenarten und Errungenschaften der dortigen Kultur verfügen. Es fehlt aber häufig bereits das elementarste Orientierungswissen, welches es uns ermöglicht, adäquat auf Irritationen zu reagieren. Grundlegendes Wissen über die sozialen, politischen, historischen und religiösen Hintergründe eines Landes ist deshalb essenziell.

Ein aktueller Trend im Management geht dahin, dass von Managern mehr Allgemeinwissen und Kenntnisse aktueller Themen und Entwicklungen – wie Nachhaltigkeit, Klimaveränderungen oder Migration – außerhalb der Kennzahlen ihres Unternehmens erwartet werden.

Analog dazu ist es im internationalen Kontext äußerst sinnvoll, vor einem Projektstart, z. B. in Abu Dhabi, die fundamentalen Informationen über das politische System, die Geschichte und die Religion einzuholen. Es macht im arabischen und mediterranen Raum beispielsweise einen großen Unterschied, welcher Glaubensrichtung des Islam ein Mensch angehört. Islam ist nicht gleich Islam. So wie in der christlichen Kultur Unterschiede zwischen katholischer, evangelischer oder russisch-orthodoxer Kirche bestehen, kann es wichtig sein, den Unterschied zwischen Schiiten, Sunniten und Aleviten zu kennen.

Wenig sinnvoll ist es auch, ein internationales Managementmeeting in Dubai auf das Ende des Fastenmonats Ramadan zu legen. So wie es bei uns besondere Feiertage gibt, die uns »heilig« sind, gibt es solche auch in muslimisch geprägten Teilen der Erde. Und ebenso haben auch andere Religionen und Weltgegenden ihren eigenen Jahresrhythmus mit jeweils speziellen Feiertagen. Ein interkultureller Kalender ist für Menschen, die international unterwegs sind, deshalb unersetzlich.

Das Wissen vieler an interkulturellen Workshops Teilnehmenden orientiert sich noch immer sehr stark am stereotypen Wissen über andere Kulturen. Doch stereotypes Wissen kann in interkulturellen Begegnungen schädlicher sein als Unwissen.

Die inhaltliche Auseinandersetzung mit einem Land ist oft allzu dürftig – und ist man dann schließlich vor Ort, läuft man Gefahr, von den kleinsten kulturellen Unterschieden beunruhigt zu werden. Wie oben dargestellt (vgl. 2.3.2), können wir, wenn wir mit interkulturellen Irritationen konfrontiert sind, auf der Basis unserer Selbstwahrnehmung und der Wahrnehmung der kulturellen Prägung unserer Gesprächspartner Hypothesen darüber aufstellen, warum wir oder unsere Gegenüber nicht so reagieren, wie wir es erwartet haben. Dies ermöglicht es uns, anders zu handeln, um dadurch die gegenseitige Irritation zu verringern. *Kulturelles Wissen* hilft uns dabei zusätzlich, weil wir durch die Kenntnis der anderen Kultur und das Verständnis der inhaltlichen Zusammenhänge unsere Sicherheit zurückgewinnen können.

Ein weiterer wichtiger Gesichtspunkt eines umfassenden inhaltlichen Wissens ist die Möglichkeit der Anschlusskommunikation. Einerseits demonstrieren wir unserem Gegenüber, dass wir in interkulturellen Fragen kompetent sind. Andererseits können wir auf bestehenden Wissensbeständen aufbauen, daran anknüpfen und weitere Informationen erfragen. In interkulturellen Kontexten begegnen wir häufig Menschen, die sich in einigen Kulturen besonders gut auskennen – auch davon können wir profitieren. Selbst ein fundiertes Halbwissen kann uns die Augen für mögliche Stolpersteine öffnen.

Der hier beschriebene Ansatz setzt natürlich Neugierde und eine offene Haltung gegenüber anderen Kulturen voraus. Das Anknüpfen an schon vorhandene Kenntnisse beschleunigt unser interkulturelles Lernen dabei ganz ungemein: Durch den beständigen Austausch mit anderen entwickelt sich ein umfassendes Orientierungswissen, das die Integration neuen Wissens extrem erleichtert. Es kommt zu einer »Wissensspirale«. Je mehr wir über andere Kulturen erfahren haben, desto schneller und umfassender können wir neue Informationen einordnen und integrieren.

Dennoch werden sich Unsicherheiten in einem interkulturellen Kontext nie vollständig beseitigen lassen, und man muss damit rechnen, immer wieder mit Überraschungen konfrontiert zu werden. Die Vorbereitung auf eine spezielle Kultur ist zwar möglich, doch bleibt man trotzdem gelegentlich im Unklaren darüber, welche Kultur in der aktuellen Situation nun die entscheidende ist.

2.3.5 Interkulturelle Werkzeuge und Techniken

Geraten wir trotz guter Vorbereitung und umfangreicher Informationen bei interkulturellen Begegnungen in Situationen, in denen wir nicht weiterwissen (weil wir vielleicht eine Situation falsch interpretiert und entsprechend gehandelt haben), gerät der Austausch mit unseren Kollegen und Mitarbeitern ins Stocken. Wir sind emotional blockiert und handlungsunfähig.

Um mit solchen Situationen umgehen zu können (sie lassen sich nicht grundsätzlich vermeiden) und wieder handlungsfähig zu werden, brauchen wir einen »Werkzeugkoffer«, der es uns ermöglicht, Irritationen aufzulösen und einen festgefahrenen Prozess neu zu beleben. Zudem müssen uns die in diesem Koffer enthaltenen Techniken und Werkzeuge dazu befähigen, Strategien zu entwickeln, mit deren Hilfe wir aus unseren interkulturellen Erfahrungen lernen und sie langfristig und nachhaltig nutzbar machen können. Es gibt eine Reihe von Techniken für den Umgang mit interkulturellen Irritationen, die sich in der Praxis bewährt haben. Sie lassen sich in der Arbeit mit interkulturellen Teams, in der Vorbereitung und beim Coaching einzelner Mitarbeiter sowie für die Bewältigung und Nachbereitung interkultureller Erfahrungen einsetzen. Diese Techniken sind im vorletzten Kapitel des Buches vorgestellt (vgl. Kap. 6).

2.4 Interkulturelle Kompetenz aufbauen

Die fünf im Vorangegangenen vorgestellten Aspekte interkultureller Kompetenz sind voneinander abhängig und bauen aufeinander auf. Zusammenfassend lässt sich festhalten:

Eine offene Einstellung ist Grundvoraussetzung für den Umgang mit anderen Kulturen. Mit ihr vermeiden wir es, in schwierigen Situationen vorschnell zu bewerten und eine ethnozentristische Position einzunehmen. Nur wenn wir beständig für neue Erfahrungen und Perspektiven offenbleiben, können wir von anderen lernen.

Darum ist es wichtig, dass wir selbst wahrnehmen, wann wir in die Bewertung gehen. Wir müssen aufmerksam gegenüber uns selbst sein, denn unsere Irritationen und unsere Emotionen sind die besten Anzeichen dafür, dass etwas nicht so läuft, wie es laufen sollte. Was wir tun können und warum wir irritiert sind, erschließt sich uns aus einem fundierten und idealerweise wachsenden Wissen über Kulturen, ihre Dynamiken und Eigenarten.

Schließlich müssen wir in der Lage sein, unsere Handlungsfähigkeit in kritischen Situationen wiederherzustellen: Wir werden aktiv und bearbeiten die Situation. Wir lernen, mit Irritationen umzugehen und in interkulturellen Zusammenhängen so zu handeln, dass Fallstricke vermieden und Hindernisse aus dem Weg geräumt werden können.

Die verschiedenen Teilaspekte interkultureller Kompetenz greifen ineinander. Wenn es uns gelingt, interkulturell kompetent zu handeln, können wir auch in unerwarteten Situationen offener mit Differenzen umgehen. Wir gewinnen Zuversicht und Selbstvertrauen, achten stärker auf uns und unser Umfeld. Unser Wissen über Kulturen nimmt zu, und wir bauen stetig neue Techniken und Methoden auf.

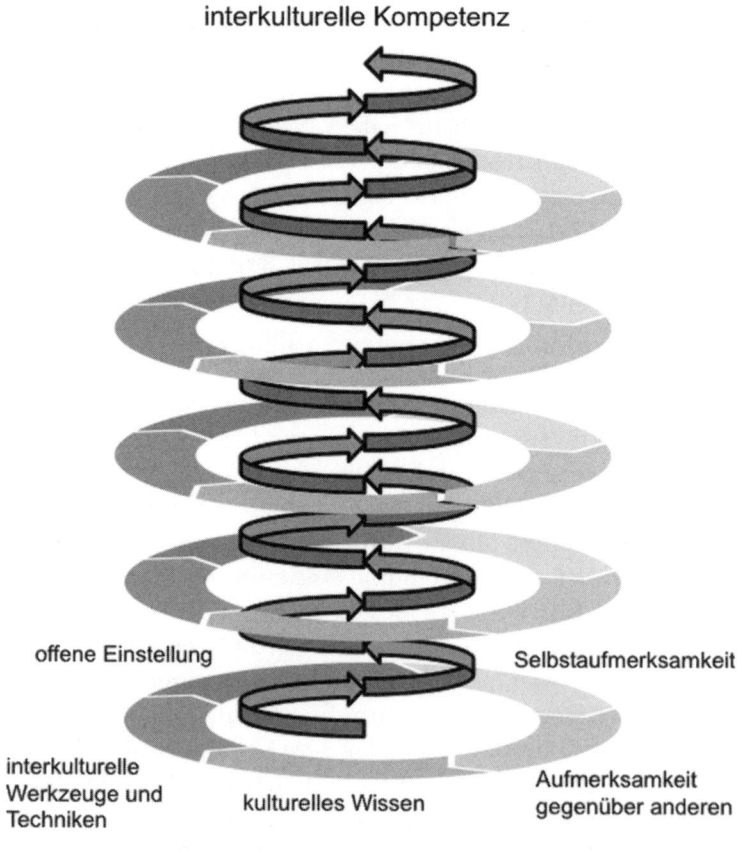

Abb. 3: Der Aufbau interkultureller Kompetenz

3. Kulturen beschreiben

3.1 Die Wirklichkeit unserer Kultur

In unseren eigenen Kulturen – in unserer Familie, unserer Organisation, unserem Land – fühlen wir uns zu Hause. Wir kennen die Regeln des Spiels und halten sie für selbstverständlich. Unsere Kultur hat uns so tief greifend geprägt, dass wir die darin enthaltenen Grundannahmen und Perspektiven für natürlich halten.

Die Charakteristik unserer eigenen Kultur wird uns häufig erst dann bewusst, wenn wir mit einer anderen in Kontakt treten, die sich von unserer unterscheidet. Oder, um Peter Berger und Thomas Luckmann (vgl. 1990, S. 2) zu paraphrasieren: Wir kümmern uns normalerweise nicht darum, was für uns wirklich ist und was wir wissen – bis zu dem Moment, in dem unsere Wirklichkeit und unser Wissen in Schwierigkeiten geraten.

3.2 Kulturelle Unterschiede beschreiben

In der Begegnung mit einer anderen Kultur springen uns die Unterschiede meist sofort ins Auge. Und dies gerade deshalb, weil sie mit den Erwartungen, die wir gegenüber der »Normalität« haben, nicht übereinstimmen. Dies beginnt auf der Ebene der fünf Sinne: Wir sehen einen unterschiedlichen Kleidungs- oder Baustil, andere Mimiken und Gesten, fremde Speisen und Zeichen. Wir fühlen ein anderes Klima und sind vielleicht von den hohen Temperaturen erschöpft. Andere Geschmäcke und Gerüche liegen in der Luft. Die Stadt klingt anders – es ist vielleicht lauter, als wir es gewohnt sind, und die fremden Dialekte verwirren unsere Ohren. Doch dies ist nur die Oberfläche.

So beobachten wir bei der Arbeit mit Menschen aus anderen kulturellen Umfeldern bestimmte uns vielleicht fremde Verhaltensweisen. Im Unterschied zu uns zeigen sie ein anderes Kommunikationsverhalten, die Körpersprache ist eine andere. Die Menschen haben womöglich andere Ansätze, Probleme zu lösen oder zu kooperieren. Technische Geräte werden anders genutzt. Die Arbeitsplätze sind anders organisiert. All dies ist Ausdruck kultureller Unterschiede. Es ist der sichtbare Teil kultureller Unterschiede, der in einem System von Werten, Normen und Bedeutungen begründet ist.

Es gibt einen Wissenschaftszweig, der sich explizit mit der Beschreibung unterschiedlicher Kulturen beschäftigt. Die Ethnologie oder Völkerkunde hat zur Aufgabe, die Unterschiede zwischen den Kulturen zu beschreiben. Früher hat sich die Ethnologie vor allem auf Reiseberichte von Soldaten und Kaufleuten gestützt. Nach und nach kamen Berichte eifriger Missionare und Reisender hinzu, die dann von frühen Völkerkundlern und Beamten zusammengefasst und zu einem Bild der jeweiligen Kultur zusammengefügt wurden. Die Beschreibung fremder Kulturen erfolgte bis in das 20. Jahrhundert hinein durch die unreflektierte Bewertungsbrille der eigenen Kultur: Die Kultur der Beobachter einer fremden Kultur diente als Vergleichsrahmen für die Besonderheiten und Eigenarten der beobachteten Kultur. Andere Kulturen wurden in der Regel als gotteslästerlich, barbarisch und unzivilisiert angesehen. Sie wurden auf der Basis dessen verurteilt, was die Völkerkundler als die Natur des Menschen ansahen – und was im Kern den damaligen Normen und Werten der westlichen Welt entsprach.

Wir alle können nur bewerten, wenn wir über eine Vergleichsinstanz verfügen. Allzu oft besteht diese Instanz aus den Standards unserer eigenen kulturellen Perspektiven und Standpunkte. Wir pressen die Unterschiede zwischen Menschen in unsere eigenen Wertkategorien. Dies ist uns häufig nicht bewusst, da unsere eigene kulturelle Prägung und unsere Werte und Normen so tief verwurzelt sind, dass sie uns nur durch Übung und Selbstreflexion zugänglich sind.

»Die Schwierigkeiten beginnen, sobald wir feststellen, dass wir in fremden Kulturen nicht nur die uns bekannten Phänomene in veränderter Zuordnung vorfinden, sondern auch Phänomene, die uns aus der eigenen Kultur gar nicht bekannt sind, wohingegen andere, die uns bekannt sind, fehlen. Da wir nun aber in unserer Kultur groß geworden sind, mit unseren Kategorien verstehen gelernt haben, besteht die Gefahr, dass wir die fremden Phänomene, unseren Vor-Urteilen folgend, falsch interpretieren« (Löffler 1976).

Dies verdeutlicht einerseits, dass die Beschreibung einer Kultur ohne eine andere Kultur nicht möglich ist. Und dass das, was schließlich von einem Beobachter als Kultur beschrieben wird, maßgeblich im

Auge des Beobachters entsteht. Ohne Kultur können wir nicht verstehen – ohne eigenen Referenzrahmen können die Phänomene, die wir beobachten, weder verstanden noch bewertet werden. Dabei besteht grundlegend die Tendenz, die eigenen Vorstellungen von der Wirklichkeit absolut zu setzen. Die eigenen Normen und Werte werden als allgemeingültig und realitätsdefinierend angesehen.

3.3 Ethnozentrismus

Die im Vorangegangenen beschriebene Haltung wurde von verschiedenen Autoren als »Ethnozentrismus« bezeichnet (vgl. LeVine a. Campbell 1972). Ethnozentrismus ist ein Sammelwort für viele Phänomene, bezeichnet jedoch grundlegend die Tendenz, Merkmale, Ansichten und Werte der eigenen Kultur höher zu schätzen als die anderer Kulturen. Diese positive Bewertung der eigenen Kultur impliziert nicht unbedingt eine feindselige Haltung gegenüber anderen Kulturen – vielmehr schleicht sie sich ein, und zwar allein aufgrund der Tatsache, dass die Wirklichkeitsdefinitionen der eigenen Kultur für die Realität gehalten werden.

Insbesondere die amerikanische Ethnologin Margret Mead hat in ihren Arbeiten immer wieder darauf hingewiesen, dass unsere Annahmen über den Menschen, die Natur und die Normalität keineswegs die »Wahrheit« oder »Naturgesetze« abbilden. In ihren ethnografischen Untersuchungen in Bali und Samoa konnte sie beispielsweise in den 1930er-Jahren zeigen, dass die Geschlechterrollen oder die Art und Weise, wie mit Jugendlichen umgegangen wird, keineswegs universellen Gesetzmäßigkeiten unterliegen.

Die Ungleichheit in der Machtfülle und im gesellschaftlichen Status zwischen den Geschlechtern war zu jener Zeit in Amerika stark ausgeprägt. Mead konnte jedoch zeigen, dass dies keine unabänderlichen Gegebenheiten sind, sondern sich die Rollenaufteilungen und Machtverhältnisse sowohl *innerhalb* von Kulturen entwickeln als auch *zwischen* Kulturen unterscheiden.

Damit inspirierte Mead nicht nur die Frauenbewegung, sondern auch das Denken über Kulturen im Allgemeinen. Sie zeigte mit großer öffentlicher Wirkung, dass die Dinge, die in der einen Gesellschaft als »natürliche Gegebenheiten« und als »Realität« gelten, in anderen Kulturen ganz anders aussehen. Dieser *Kulturrelativismus* hat vor allem zu der Einsicht geführt, dass die Rolle der eigenen Kultur bei der Beobachtung fremder Kulturen mitbedacht werden muss.

Wie tief greifend Kultur unser Denken, Sprechen und Handeln prägt, lässt sich an der Art und Weise verdeutlichen, wie wir sprechen und wie wir Sprache verstehen. Die Lautmerkmale einer Sprache, also die Intonation von Wörtern oder die Satzmelodie, unterscheiden sich zwischen verschiedenen Sprachen. Zum Beispiel enthält die chinesische Sprache Mandarin nur sehr wenig Melodie und wird auch etwas lauter gesprochen als normales Englisch.

Im Englischen ist es dagegen üblich, dass die vorletzte Silbe eines Satzes mit angehobener Stimme ausgesprochen wird. Je nachdem, wie diese Anhebung der Stimme gestaltet wird, können englischsprachige Personen die Bedeutung des Gesprochenen verändern. Durch diese Variationen werden Ironie und Sarkasmus, Ärger und Freude, Wohlwollen und Ablehnung kommuniziert. Wenn wir eine andere Sprache erlernen, übertragen wir häufig Klangfarbe und Sprachrhythmus unserer Muttersprache auf die Fremdsprache. Damit erzeugen wir in den Ohren unseres Gegenübers unter Umständen Bedeutungen, die wir eigentlich nicht kommunizieren wollten.

Und auch unsere Hörgewohnheiten sind an unsere Muttersprache gekoppelt. Wir erschließen die Bedeutung einer Aussage unter anderem aus der Tonlage, der Geschwindigkeit und der Lautstärke einer Äußerung. Entscheidend ist, dass wir auf der Basis unserer kulturellen Entwicklung nur auf bestimmte Modulationen achten. In der chinesischen Sprache wird die Intonation häufig innerhalb von Wörtern bzw. Worten verändert, während sie im Englischen innerhalb eines Satzes variiert wird. Dadurch können bei der Kommunikation ungewollt Informationen hinzukommen bzw. verloren gehen. Dies gilt insbesondere dann, wenn wir es mit Kulturen zu tun haben, in denen Probleme nicht direkt angesprochen werden und ein eher indirekter und unkonkreter Kommunikationsstil gepflegt wird (vgl. 4.5).

Milton J. Bennett (1998b) nennt diese kulturelle Überformung unserer Wahrnehmung »ethnozentristische Wahrnehmung«[3]. Sie findet zu einem großen Teil unbewusst statt.

---

3 Bisher wurde der Begriff »Ethnozentrismus« dafür verwendet, die Tendenz zu beschreiben, andere Kulturen abzuwerten. »Ethnozentristische Wahrnehmung« und »ethnozentristische Interpretation« sollen dagegen verdeutlichen, dass unsere Wahrnehmung und unser Denken fundamental durch unsere Kultur geprägt sind. Damit sind wir von Grund auf in gewisser Weise »ethnozentristisch« veranlagt, was hier auf keinen Fall wertend verstanden werden sollte.

Die Kultur, in der wir aufgewachsen sind, hat auch unsere Sprachwahrnehmung fundamental beeinflusst. In einem multinationalen Umfeld kann dies in der Kommunikation zwischen Personen, die nicht oder nur teilweise in ihrer Muttersprache sprechen, zu Missverständnissen führen. Es kommt zu »ethnozentristischen Interpretationen« (ebd.), wenn wir eine Äußerung oder eine Sprachmodulation aufgrund unserer eigenen kulturellen Wahrnehmung interpretieren. Die eigentliche Bedeutung des Gesagten bleibt uns auch deshalb verschlossen, weil wir die in ihm enthaltenen Anspielungen, die Zweitbedeutungen oder die Redewendung nicht kennen.

Wir sind also in solchen Situationen auf unsere eigene Kultur zurückgeworfen, und so kann es dazu kommen, dass ein eigentlich harmlos gemeinter Witz vielleicht sogar als Angriff missverstanden wird: Witze, deren Pointe gerade aufgrund der Doppeldeutigkeit der Sprache so lustig sind, können in den allerwenigsten Fällen übersetzt werden. Unzählige Peinlichkeiten hätten schon vermieden werden können, wenn sich die Beteiligten an eine einfache Regel gehalten hätten: Selbst die besten Witze bitte niemals übersetzen!

Während eines Führungskräftemeetings eines internationalen Konzerns wollte ein rumänischer Topmanager die Bedeutung von Mitarbeitermotivation mit dem folgenden »Joke« anschaulich machen: »Do you know, how to prevent a woman from being raped? Convince her ...« Wo er nun die Lachsalve erwartet hatte, erntete er eisiges Schweigen. Im Nachspiel folgte eine sehr deutliche Rückmeldung der deutschen Human-Resources-Direktorin. Bei den französischen Teilnehmerinnen entschuldigte er sich anschließend mit einem höflichen Brief.

Wie wir eine Situation interpretieren, ist ausschlaggebend dafür, welche Handlungsalternativen und Reaktionen uns als sinnvoll erscheinen werden. Denn das Verstehen einer bestimmten Situation ist entscheidend davon abhängig, welche Handlungen wir in einer Situation als angemessen wahrnehmen.

Die Bemühungen Margret Meads und vieler anderer bedeutender Autoren und Autorinnen, »ethnozentristische« Bewertungen und Annahmen aufzudecken, hat natürlich nicht dazu geführt, Ethnozentrismus aus der Welt zu schaffen. Und insbesondere Kulturen, in denen die Vorstellung, dass es nur eine *einzige* Wahrheit gibt, besonders ausgeprägt ist, neigen weiterhin zu einem ethnozentristischen Blick auf die Welt.

3.4 Mit anderen Augen sehen

In der eigenen Kultur mag es klare Regeln dazu geben, was als gut oder schlecht, als »Achse des Bösen« oder des »Guten« gilt, doch diese Bewertungskriterien sind in einem bestimmten historischen Rahmen gewachsen, in Bezug auf Raum und Zeit kontextgebunden und deshalb nicht auf andere Kulturen anwendbar.

Stattdessen müssen Kulturen als funktionierende soziale Systeme angesehen werden, die ihren eigenen Regeln und moralischen Standards folgen. Die von unterschiedlichen Kulturen entwickelten Lösungsansätze sind funktional. Der Austausch zwischen Kulturen kann genau aus diesem Grund unser Denken befruchten und uns Alternativen zur Verfügung stellen. Im Hinblick auf soziale, politische und ökonomische Probleme sind es gerade die unterschiedlichen Perspektiven, die Kreativität erlauben. Vor diesem Hintergrund hat Margret Mead auch heute noch mit der Behauptung recht: »Human diversity is a resource and not a handicap.« (»Menschliche Unterschiedlichkeit ist eine Ressource und kein Hindernis.«)

Im Vergleich zu den Kollegen früherer Epochen bemühen sich die Ethnologen von heute um ein anderes Vorgehen bei der Beschreibung von Kulturen. Es wird versucht, ihnen möglichst objektiv und ohne Bewertung gegenüberzutreten. Statt sie zu bewerten, werden die Unterschiede *beschrieben*. Auch dazu brauchen Ethnologen zwangsläufig einen Hintergrund, vor dem die Unterschiede zwischen den Kulturen skizziert werden können. Aber dieser Hintergrund wird sichtbar gemacht und wirkt deshalb nicht als unausgesprochene moralische Maßgabe auf die Beschreibung ein.

3.5 Ein Metamodell zur Mustererkennung

Verschiedene Kulturtheoretiker haben in der Folge versucht, eine Reihe von Dimensionen zu definieren, welche die Unterschiede zwischen Kulturen abbilden, beschreiben und erklären können. Insbesondere die Modelle von Hofstede (vgl. 2001), Trompenaars und Hampden-

Turner (1997) sowie Hall (1990) haben sich in der Fachliteratur, in Beratungsansätzen und im Management durchgesetzt.

Diese Beschreibungen konzentrieren sich auf unterschiedliche Gesichtspunkte des Phänomens »Kultur« und umfassen neben Aspekten der Kommunikation und des Sicht-, Hör- und Fühlbaren auch »tiefer liegende« Ebenen wie beispielsweise den Umgang mit Regeln, die Beziehung zwischen Selbst und Gruppe oder das Verhältnis zur Zeit.

Ausgehend von unserem systemischen Grundverständnis, können wir solche Dimensionen als *Metamodell zur Mustererkennung* in interkulturellen Kontexten heranziehen.

Dieses Metamodell beschreibt die Unterschiede so abstrakt, dass Verhaltensweisen, Annahmen und Interaktionsmuster benannt werden können. Die Beschreibungen dürfen jedoch nicht zu spezifisch sein, da ihre Anwendbarkeit sonst auf nur wenige Gruppen von Menschen (z. B. europäische Länder) oder Kulturen beschränkt wäre.

Es gilt hier also, ein Gleichgewicht zu finden: Nur wenn Beschreibungen hinreichend abstrakt sind, können sie als kulturübergreifender Leitfaden für das Verständnis unterschiedlicher Kulturen dienen. Für interkulturelle Problemstellungen ist es dennoch wichtig, dass sich solche Beschreibungen nicht zu weit vom tatsächlichen Verhalten der Menschen entfernen, also nicht zu abstrakt sind. Sie müssen in ihrer Auflösung so gestaltet sein, dass die Verbindung zu bestimmten Verhaltensweisen gut ersichtlich ist. Gelingt dies, können wir einerseits von bestimmten Verhaltensweisen auf tiefer liegende Aspekte schließen und andererseits aus relativ abstrakten Hypothesen und Beschreibungen einer Kultur konkrete Verhaltensweisen ableiten.

Das Metamodell ist gleichsam das Bindeglied zwischen einerseits dem Extremstereotyp (Dos-and-Dont's-Bücher; »Der Franzose ist ...«) und andererseits der Haltung, dass jede Begegnung zwischen Menschen eine interkulturelle Begegnung ist, die neu angeschaut werden muss. Das Metamodell erlaubt es, Hypothesen zu bilden und handlungsleitende Vorannahmen zu entwickeln, damit man Verhaltensweisen, Kommunikation und Organisationsformen einordnen und sich im interkulturellen Kontext sicher bewegen kann.

3.6 Dimensionen von Kultur

Zur Beschreibung kultureller Unterschiede wurden verschiedene Methoden angewendet. Edward T. Hall analysierte für seine Arbeiten Filme und Zeitungsartikel, führte Beobachtungen von Menschen in ihrem Alltag durch und interviewte zusätzlich zahlreiche Manager aus verschiedenen Kulturkreisen.

Er hat sich in seinen Arbeiten vor allem mit interkulturellen Unterschieden bezüglich der Rolle des Umfelds in der Kommunikation (Kontextbezogenheit der Kommunikation, vgl. 4.5), des Zeitverständnisses (vgl. 4.8) und der Rolle der Körpersprache und der Distanz in der Kommunikation befasst. Er konnte unter anderem zeigen, dass sich die Ausdehnung des persönlichen Raums in verschiedenen Kulturen stark unterscheidet – was sich beispielsweise immer noch auf die Anordnung von Flugzeugsitzen bei verschiedenen Airlines auswirkt.

Geert Hofstede (2001) hat sich methodisch hauptsächlich auf Fragebogen gestützt, die er zwischen 1967 und 1973 Mitarbeitern von IBM vorlegte. Es gelang ihm, Daten von mehr als 100 000 Individuen aus 66 Ländern zu sammeln und auszuwerten. In dieser und in weiteren Studien wurden aus den vorhandenen Daten fünf Dimensionen gewonnen, die am besten dazu geeignet waren, zwischen den verschiedenen Ländern zu differenzieren. Diese Dimensionen sind: Machtdistanz, Individualismus, Maskulinität, Unsicherheitsvermeidung und Langzeitorientierung.

Fons Trompenaars hat diese Dimensionen aufgegriffen und erweitert. Mit einem neuen Fragebogen wurden mehrere Tausend Manager aus aller Welt befragt; dabei sollten sie moralische Dilemmas lösen (Hampden-Turner, Trompenaars a. Lewis 2000). Auf der Basis dieser Befragungen beschreibt Trompenaars sieben Dimensionen. Zusammen mit Charles Hampden-Turner entwickelte er sie zu einem systemischen Modell interkulturellen Handelns weiter (Trompenaars a. Hampden-Turner 2004).

Die ersten fünf Dimensionen sind dabei auf den Umgang und die Kommunikation zwischen Menschen bezogen:

Die Dimension Universalismus/Partikularismus beschreibt den Umgang mit Regeln in verschiedenen Kulturen (vgl. 4.1). Die Dimension Neutralität/Emotionalität bezieht sich auf die Art und Weise, wie der Ausdruck von Emotionen in unterschiedlichen Kulturen geregelt ist (vgl. 4.5.4). Die Unterscheidung zwischen individualistischen und kollektivistischen Kulturen betrifft das Verhältnis zwischen der Gemeinschaft und dem Individuum und die Art und Weise, wie Menschen sich selbst verstehen (vgl. 4.2). Weiterhin werden spezifische und diffuse Kommunikationsstile unterschieden (vgl. 4.5.1).

Schließlich kann man Kulturen hinsichtlich der Art und Weise unterscheiden, wie innerhalb einer Kultur Status und Kompetenz zugeschrieben werden. Die Hauptunterscheidung ist dabei die zwischen Leistung und Herkunft (vgl. 4.7). Daneben werden zwei weitere Dimensionen unterschieden, die den Umgang mit Zeit (Serialität/Parallelität, vgl. 4.8) und den Umgang mit der sozialen und physikalischen Umwelt charakterisieren (interne/externe Kontrolle, vgl. 4.9).

3.7 Die Pluralität der Kulturen

Mit dem Metamodell der Dimensionen lassen sich nicht nur nationale Kulturen beschreiben: Im Folgenden beziehen wir uns deshalb nicht nur auf diese, sondern differenzieren nach nationalen, regionalen, professionsbezogenen sowie Sparten-, Funktions- und Unternehmenskulturen. In einem Team sind immer alle Kulturen vertreten und überlappen sich.

Im Beratungsprozess ist es wichtig festzustellen, welches die Leitdifferenz zwischen Gruppen, Teams und Unternehmen ist. Die Leitdifferenz sind diejenigen Unterschiede in den Kulturen, welche die Interaktion maßgeblich beeinflussen. Oft wird dabei die nationale Kultur überschätzt. Wir werden oft zu interkulturellen Workshops eingeladen, wie zum Beispiel von einem großen IT-Unternehmen, das eine kleine französisch-kanadische Firma gekauft hat.

Zunächst wurde uns als interkultureller Unterschied genannt: Deutsche/Franzosen. Es stellte sich jedoch heraus, dass die Leitunterscheidung zwischen beiden Unternehmen der Kontrast zwischen dem familienorientierten Kleinunternehmen und dem international tätigen Großkonzern war.

Das Spannende und Herausfordernde an einem Projekt ist, welche Kulturunterschiede zur Geltung kommen und wie diese Unterschiede integriert werden können.

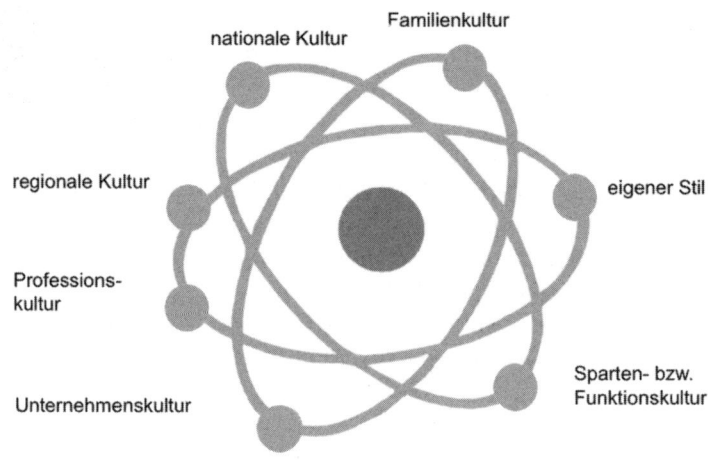

Familienkultur
nationale Kultur

regionale Kultur

eigener Stil

Professions-
kultur

Unternehmenskultur

Sparten- bzw.
Funktionskultur

Abb. 4: Die Pluralität der Kulturen

Unterschiede *nationaler* Kulturen und ihre Bedeutung haben wir anhand mehrerer Beispiele – anhand deutsch-französischer bzw. deutsch-chinesischer Kontakte – bereits vorgestellt (vgl. 1.3, 2.3.1). Innerhalb des nationalen Rahmens können auch *regionale* Unterschiede von großer Bedeutung sein, z. B., aus welchen Regionen die deutschen Mitarbeiter und Kollegen kommen oder ob ein Franzose »Parisien« ist oder aus dem Elsass stammt. Unternehmen in Deutschland sind manchmal stark von der Region geprägt, in der sie ansässig sind. Der große Kulturgraben in Deutschland verläuft noch immer zwischen Nord- und Süddeutschland. Und auch nach 20 Jahren Wiedervereinigung spüren wir den Unterschied zwischen Ost- und Westdeutschland immer noch deutlich.

Es sind dabei vor allem die subtilen Feinheiten der Kommunikation, wie der Ausdruck unserer Befindlichkeiten, der Humor und der Umgang mit Kritik, die die Begegnungen von Menschen verschiedener Regionen prägen und ihren Charme ausmachen. Für Menschen aus der Kurpfalz ist es immer noch ein Abenteuer, in Berlin-Tegel mit einem BVG-Busfahrer zu kommunizieren: »Geht der Bus zum Alex?« »Der Bus geht nicht – der fährt!«

Große Unterschiede findet man bereits zwischen den räumlich recht nahe liegenden Regionen Schwaben und Baden. Haben Sie schon einmal einem Schwaben zugehört, der sich über die Arbeitsmoral und das Zeitverständnis eines Badeners auslässt?

46

Auch der Entwicklungsstand einer Region bzw. die Frage, ob es sich um ein eher urbanes oder ein eher ländliches Umfeld handelt, kann ein entscheidendes kulturelles Merkmal sein.[4] Es ist daher empfehlenswert, sich über die Kultur der Region, in der ein Unternehmen ansässig ist, zu informieren. Das ist insbesondere in Deutschland wichtig, weil hier auch viele Großkonzerne ihre Wurzeln in einem starken, regional geprägten Mittelstand haben.

Professionsbezogene Kulturen können ebenfalls eine wichtige Rolle im Rahmen internationaler Organisationen spielen: Es kann durchaus sein, dass sich Ingenieure aufgrund ihrer Professionskultur über nationale Grenzen hinweg mit anderen Ingenieuren besser verstehen als mit Kollegen aus dem Marketing oder dem Vertrieb gleicher Nationalität. Alleine von der nationalen Kultur auszugehen würde diesen Aspekt übersehen. Denn die spezifischen Erfordernisse der Ingenieurstätigkeit und die Homogenität der Aufgaben können auch über Ländergrenzen hinweg zur Entwicklung eines vergleichbaren Interpretationsrahmens führen. Ähnliches gilt natürlich wiederum für die Mitarbeiter der Verkaufs- und Marketingabteilungen.

Die Tatsache, dass der Verkäufer nach außen gehen muss und Kunden von den Produkten seines Unternehmens überzeugen will und muss, stellt ihn vor gewisse Herausforderungen: Er muss eine positive Atmosphäre schaffen, die Stärken der Produkte betonen und es möglichst vermeiden, potenzielle Schwächen offenzulegen. Diese Aufgabe verlangt Extrovertiertheit, Schlagfertigkeit sowie kommunikative und soziale Kompetenz.

Deshalb muss in länder- und professionsübergreifenden Projekten immer geprüft werden, ob der für auftretende Probleme oder Irritationen relevante Unterschied nicht ganz einfach zwischen den unterschiedlichen Professionskulturen (und nicht zwischen nationalen) besteht.

Internationale Organisationen und Großkonzerne haben dagegen häufig eine starke eigene Kultur, die die interkulturellen Differenzen der Mitarbeiter überlagert, beispielsweise in der IT-Branche. Die *Unternehmenskultur* ist in diesem Fall fester in der Kultur der IT-Branche als in der Kultur des Ursprungslandes der Organisation verwurzelt. Es finden sich starke Normen und Werte, die es ermöglichen, die

---

4 Ein Beispiel für ein Coaching, bei dem die Unterscheidung urban/ländlich relevant war, finden Sie unter 5.2.3.

kulturellen Unterschiede der verschiedenen Nationen und Regionen zu integrieren oder zu überlagern.

In großen Unternehmen finden sich jedoch teilweise auch starke Sparten- und Funktionskulturen, insbesondere, wenn sie als relativ unabhängige *strategic business units* arbeiten.

Bei einem Beratungsprojekt in einem Chemiekonzern im Bereich des Pflanzenschutzes ging es darum, global agierende Teams zu etablieren. Bei den dabei geführten Gesprächen über die Heterogenität der Teams wurde deutlich, welche starke gemeinsame Identität dieser Bereich hat, auch über die Heterogenität der global agierenden und rekrutierten Belegschaft hinweg. Diese Kultur unterscheidet sich stark von dem Bereich Grundlagenchemie am gleichen Standort.

Im Bereich Pflanzenschutz gibt es ein starkes gemeinsames Leitbild, das über die Kulturdifferenzen der Länder hinweg eine gemeinsame Identität und gemeinsame Normen und Werte hervorbringt. Die Sparten- und Funktionskulturen sind also Kulturen innerhalb von Unternehmen, die dann entstehen, wenn es sich um große Unternehmensbereiche handelt, die von anderen Funktionen und Bereichen abgegrenzt sind.

Natürlich spielen auch immer wieder die individuellen Stile der Beschäftigten eine Rolle. Die individuelle, subjektive Kultur einer Person speist sich aus vielen Quellen. Sie entwickelt sich im Laufe des Lebens und wird durch die unterschiedlichen Institutionen und Gruppen, in denen sie sich aufhält, geprägt. Unser privater und beruflicher Entwicklungsweg hat uns durch viele Kulturen geführt, die alle ihre Spuren in unserem Denken, Fühlen und Handeln hinterlassen haben. Vor diesem Hintergrund entwickelt auch jeder von uns seinen individuellen, *eigenen Stil*.

Dabei spielt auch die *Familie*, aus der wir stammen, eine entscheidende Rolle. Und unsere ersten interkulturellen Erfahrungen machen wir deshalb nicht unbedingt im Ausland, sondern eher in uns fremden Familien im eigenen Land: Unterschiedliche Familien haben unterschiedliche Kulturen, was sich zum Beispiel in familieneigenen Ritualen beim gemeinsamen Essen zeigt. Die Wertvorstellungen einer Familie wirken nicht selten über viele Generationen hinweg und prägen die neuen Mitglieder der Familie.

Es gibt also nicht nur eine, sondern eine ganze Reihe von Kulturen, die je nach Situation und in wechselnden Verhältnissen mehr oder weniger relevant sind. Das Metamodell der Dimensionen kann uns dabei helfen, uns in all diesen unterschiedlichen Kulturen zurechtzufinden und unsere eigene kulturelle Prägung besser zu verstehen.

4. Deutsche Irritationen

Die deutsche Kultur ist – wie jede andere auch – unter zahlreichen Aspekten einzigartig. Beispielsweise im Hinblick auf die Übereinstimmung dessen, was gesagt und wie anschließend gehandelt wird. In Deutschland gilt eine mündliche Absprache in den meisten Fällen als verbindlich. Wenn eine Verabredung einmal getroffen wurde, halten sich die Beteiligten zuverlässig daran. In Unternehmen geht man häufig davon aus, dass dies in anderen Kulturen genauso ist.

Wenn ein Meeting in Deutschland angesetzt wird, so genügt meist ein kurzer E-Mail-Kontakt dafür, den Termin und die Agenda festzulegen. Selbst wenn diese Vorbereitungen drei Wochen vor dem Meeting stattgefunden haben, kann man relativ sicher davon ausgehen, dass alles so abläuft, wie es vereinbart wurde.

In Italien wiederum ist dies nicht immer so. Während ein einmal vereinbarter Termin in Deutschland nicht mehr weiter thematisiert werden muss, ist es in Italien und vielen anderen Kulturen üblich, dass man Termine fortlaufend bestätigt, um die Wahrscheinlichkeit zu erhöhen, dass sie auch stattfinden.

Ähnliches gilt für andere Regionen: Wird beispielsweise mit arabischen Partnern ein Meeting vereinbart und verlässt man sich im Sinne deutscher Verbindlichkeit darauf, so wird man mit Erstaunen feststellen, dass es dennoch zu langen Wartezeiten kommt und Terminvereinbarungen eher vage Zeiträume angeben als fixe Zeiten festlegen. Menschen, für die ein starkes Maß an Verbindlichkeit »normal« ist und die Verlässlichkeit und Pünktlichkeit über alles schätzen, sind dann verärgert.

Dieser Umgang mit Absprachen ist nicht universell, und die beschriebene Irritation liegt in der deutschen Kultur begründet. Deutsche gehen davon aus, dass das Gesagte und das Gemeinte übereinstimmen, jede Äußerung also eine hohe Verbindlichkeit hat. Die Umstände, unter denen etwas gesagt wird, spielen hier eine eher geringe Rolle. In anderen Kulturen ist die Bedeutung einer Äußerung in starkem Maß von dem Moment und dem Umfeld abhängig und geprägt, in denen sie gemacht wird.

Wenn Ihr Gesprächspartner bei einem Treffen in den USA zu Ihnen sagt: »Oh, let's have lunch together sometime ...«, heißt das nicht, dass Sie im Terminkalender für die nächste Woche einen Tag finden müssen, an dem sie zum Mittagessen gehen. Der Satz ist nicht wörtlich zu verstehen, sondern bedeutet in etwa Folgendes:»Lassen Sie uns die Konversation hier beenden. Ich fand Sie so nett, dass ich mir sogar vorstellen könnte, irgendwann einmal mit Ihnen essen zu gehen.« Das Gesagte und das Gemeinte divergieren also.

Vorstellungen von Authentizität und Wahrhaftigkeit spielen eine wichtige Rolle dabei, dass der Zusammenhang zwischen dem, was geäußert wird – der Bedeutung des Gesagten –, und der Verbindlichkeit dessen, was gesagt wurde, in Deutschland sehr eng ist. Ohne Wissen über die eigene Kultur und die Kultur unserer Geschäftspartner werden – vor allem erste – Kontakte mit ihnen unter Umständen zu leidvollen Erfahrungen. Viele Deutsche berichten von der Unpünktlichkeit und Unzuverlässigkeit von Mitgliedern anderer Kulturen und beschreiben frustrierende Erfahrungen, da es ihnen nicht gelingt, das Verhalten der anderen Seite zu verstehen und vorauszusagen.

Da Authentizität und Verlässlichkeit einen hohen Wert darstellen, reagieren Deutsche sehr empfindlich auf Situationen, in denen Termine nicht eingehalten oder Abmachungen »gebrochen« wurden. Wenn Absprachen nicht erfüllt werden, wird dies häufig als Beleidigung und Abwertung der Person aufgefasst. Es gibt in Deutschland kaum eine bessere Möglichkeit, einer Person zu kommunizieren, dass sie im Moment nicht gerne gesehen wird und keinen guten Status hat, als wiederholt Termine ausfallen zu lassen und Absprachen zu ignorieren. Wenn Deutsche sich in anderen Kulturen bewegen, die die Verbindung zwischen »gesagt – gemeint – getan« nicht genauso eng sehen, kann diese »Unzuverlässigkeit« leicht als Affront gedeutet werden.

Deutsche reagieren in diesen Punkten häufig sehr emotional, da sie das Verhalten ihrer Interaktionspartner von ihrer eigenen Warte aus interpretieren. Und damit wird ein Verhalten wie das oben skizzierte als respektlos und verletzend empfunden. Um solche Situationen richtig einschätzen zu können, darf die Handlungsweise der Gegenseite also nicht allein durch die deutsche Brille betrachtet werden, sondern muss auch die dortige Praxis berücksichtigt werden: In Italien werden die Wichtigkeit eines Termins und seine Verbindlichkeit eben auch darüber festgelegt, wie eng der Kontakt im Vorfeld gepflegt wurde.

E-Mails werden dort seltener beantwortet, wenn nicht parallel dazu auch angerufen wird. Ohne einen Begleitanruf werden E-Mails als unpersönlich empfunden. Da der Absender sich nicht telefonisch meldet, kann die E-Mail auch keine hohe Priorität haben. Es ist deshalb immer wichtig, die Situation aus der Perspektive der anderen Kultur zu betrachten – wird uns das Verhalten von diesem Standpunkt aus plausibel, so reagieren wir auch gelassener und laufen nicht Gefahr, die Beziehung zu unseren Kollegen und Partnern zu gefährden.

Wie kann man sich nun in dieser heterogenen Welt mit all den Kulturunterschieden zurechtfinden? Auf der Basis der Arbeiten von Kluckhohn und Strodtbeck (vgl. 1961), Hofstede, Hall und Trompenaars wurde eine Reihe von Beschreibungssystemen entworfen, mit denen Kulturen sich abbilden und verstehen lassen. Diese Beschreibungssysteme greifen – je nach Autor – unterschiedliche Aspekte von Kulturen heraus. Die frühen dimensionalen Ansätze der Kulturbeschreibung wurden immer wieder überarbeitet und den Forschungsfragen, theoretischen Standpunkten und Erfordernissen der Forscher angepasst.

Dimensionen sind der Hintergrund, vor dem problemrelevante Aspekte interkultureller Begegnungen analysiert und bearbeitet werden können. In polykulturellen Kontexten spielen die Unterschiede zwischen Kulturen unter Umständen die entscheidende Rolle. Dabei können Probleme jedoch auf verschiedene Themen und Aspekte bezogen sein.

Für Personen, die kulturellen Unterschieden ausgesetzt sind – sei es als Mitarbeiter, Führungskraft oder Berater –, ist es wichtig, ein Orientierungswissen zu haben, das bei der Beantwortung manchmal drängender Fragen hilfreich ist: Wo könnte der Kern des jeweiligen Problems sitzen? Wie kommt man aus einem Fettnäpfchen, in das man getreten ist, wieder heraus?

Dieses Orientierungswissen wird in Form von (Kultur-)Dimensionen dargestellt. Es hilft zum einen dabei, bereits im Vorfeld zu erahnen, wo die Fettnäpfchen stehen könnten. Zum anderen kann es als Leitfaden dienen, die eigene kulturelle Prägung zu verstehen. Wenn wir interkulturell arbeiten, sind wir Teil des polykulturellen Systems, und unsere »subjektive Kultur«, unser eigenes »Sosein«, »*sono fatto così*«, beeinflusst unser Denken und Handeln. Damit sind wir natürlich auch dem Risiko ausgesetzt, dass sich unsere subjektive Kultur als entscheidender Einfluss auf die interkulturelle Begegnung auswirkt. Bei Unachtsamkeit können wir Gefahr laufen, zusätzlich Öl ins Feuer zu kippen. Aufgrund der Erkenntnis, wie man selbst »gestrickt« ist (kulturelle Selbstaufmerksamkeit, engl. *cultural self awareness*), können Hypothesen dazu entwickelt werden, in welche Fallen man am ehesten tappen könnte. Die Passung der eigenen, subjektiven Kultur und der nationalen, regionalen und in Organisationen begründeten Kulturen kann überprüft und antizipiert werden (Prüfung der kulturellen Passung; engl. *cultural due diligence*).

Die Dimensionen spannen einen Raum der Möglichkeiten auf. Wenn man im Abendland aufgewachsen und sozialisiert ist, kann man sich zunächst schwer vorstellen, dass die andere Hälfte der Welt in den meisten Sprachen kein Wort für »Ich« hat und dass das »Wir« dort im Mittelpunkt steht. Zieht man das nicht in Betracht, wird man keine Annahmen in diese Richtung treffen können und nur schwer verstehen, warum z. B. Japaner häufig in großen Delegationen anreisen, wohingegen westliche Firmen einen einzelnen Vertreter schicken.

Im Vorfeld interkulturellen Arbeitens kann man die Dimensionen zur Vorbereitung heranziehen, um diejenigen Aspekte einer Kultur herauszufiltern, bei denen am ehesten Hindernisse zu erwarten sind. Dabei ist jedoch immer zu bedenken, dass Kulturen keine monolithischen Gebilde sind. Was auf den Großteil einer Kultur zutrifft, muss nicht unbedingt auf jedes Mitglied dieser Kultur zutreffen.

Mit den Dimensionen, die im Folgenden näher beschrieben werden, kann man Vorannahmen treffen. Sie dienen, wie bereits erwähnt, als Metamodell für das Verständnis kultureller Unterschiede und unserer eigenen Prägung.

Die Beschreibungen der Dimensionen sollen Generalisierungen sein, keine Stereotype, d. h., sie sollen uns den Blick dafür öffnen, was alles noch möglich sein könnte und was es noch alles auf der Welt gibt. Unsere Wahrnehmung sollte weiter offen bleiben für neue und gegebenenfalls auch widersprüchliche Erfahrungen. Wir lernen nicht, wenn wir Stereotypen folgen, denn Stereotype engen uns ein und reduzieren die Betrachtung auf die Bestätigung eines vorgefertigten Bildes.

4.1 Bei Rot muss man stehen bleiben –
Der Umgang mit Regeln

4.1.1 Universalismus und Partikularismus

In Deutschland haben Verkehrsregeln einen sehr verbindlichen Charakter. Als Fußgänger gehen wir davon aus, dass Autofahrer sich an die Regeln halten, und auch wir handeln entsprechend. Es ist in Deutschland zu erwarten, dass ein Autofahrer stehen bleibt, wenn er sich einer roten Ampel nähert. Oft gehen wir als Fußgänger bei Grün, ohne weiter nach den Autos zu schauen, einfach über die Straße, denn selbst wenn der Fahrer eines herannahenden Autos noch nicht gebremst hat, können wir sicher sein, dass er das tun wird. In Italien oder Frankreich käme ein solches Verhalten einem Selbstmord nahe. In Rom haben rote Ampeln eher einen Vorschlagscharakter – und wer hat dort nicht schon erlebt, dass das Warten an einer roten Ampel bei Abwesenheit von Fußgängern mit einem wütend-belustigten Hupen quittiert wird? In Deutschland bleiben wir selbst nachts und bei völlig leerer Straße an der Ampel stehen, weil es die Regel so vorsieht.

Dieser am Beispiel Deutschland/Italien dargestellte Unterschied wird durch die Begriffe *Universalismus* und *Partikularismus* fassbar gemacht und betrifft vor allem den Umgang mit Regeln. Die durch die beiden Gegensätze charakterisierte Dimension soll grundlegend beschreiben, in welchem Ausmaß Regeln über der Besonderheit der Einzelsituation oder speziellen Beziehung stehen.

Fons Trompenaars hat dem Dilemma, das zwischen Regeln mit universeller Gültigkeit (z. B. Gesetzen) und den spezifischen Umständen, in denen diese Regeln angewendet werden, entstehen kann, ein ganzes Buch gewidmet (2003). Darin beschreibt er folgende Situation:

> Stellen Sie sich vor, Sie sind mit einem Freund im Auto unterwegs. In einer verkehrsberuhigten Zone gibt es einen Unfall mit einem Fußgänger. Sie wissen, dass ihr Freund zu schnell gefahren ist. In der Folge werden sie vom Anwalt ihres Freundes kontaktiert, der Sie darüber informiert, dass Sie durch eine Falschaussage Ihren Freund vor ernsthaften juristischen Konsequenzen bewahren könnten. Sie müssten

nur aussagen, dass ihr Freund nicht schneller als die vorge-
schriebene Höchstgeschwindigkeit gefahren ist.

Die Beschreibung dieses Dilemmas zwischen den Vorgaben des
Rechts und den Ansprüchen, die sich aus der Freundschaft ergeben,
hat Trompenaars in verschiedenen Seminaren und in Onlinefragebo-
gen verwendet. In einer umfangreichen Umfrage wurden Manager aus
aller Welt dazu befragt, wie sie in der geschilderten Situation handeln
würden. Die Fragen sind in zwei Blöcke unterteilt (Übers.: U. C.):

»Block 1:
Inwieweit hat Ihr Freund ein Recht darauf, dass Sie für ihn eine Falschaussage machen?
a) Mein Freund hat gar kein Recht, von mir eine Falschaussage zu
fordern.
b) Mein Freund hat ein wenig Recht, von mir eine Falschaussage zu
fordern.
c) Mein Freund hat jedes Recht, von mir eine Falschaussage zu fordern.

Block 2:
Würden Sie die Falschaussage machen?
a) Ich würde aussagen, dass mein Freund nicht zu schnell war.
b) Ich würde aussagen, dass mein Freund zu schnell war.«

Anhand der Antworten und Lösungen für dieses Dilemma konnten
viele Einsichten bezüglich der Unterschiede im Umgang mit Regeln
und Gesetzen gewonnen werden. Darüber hinaus lieferten die Rückmeldungen eine Reihe von Anekdoten, die die Unterschiedlichkeit
des Denkens in verschiedenen Kulturen auf frappierende Weise verdeutlichen.

In westlichen Ländern finden sich häufig Antwortkombinationen,
die dem Freund kein Recht einräumen, eine Falschaussage zu fordern
(1a), und auch keine Absicht erkennen lassen, die Falschaussage wirklich zu machen (2b). Die meisten Amerikaner und Deutschen würden
ihrem Freund kein solches Recht einräumen.

Dagegen antworten vor allem asiatische und lateinamerikanische
Manager völlig anders. Sie würden ihrem Freund mindestens ein wenig Recht auf eine Falschaussage einräumen. Außerdem würden viele
der Befragten auch tatsächlich eine Falschaussage machen. Das mag
auf der Basis unserer westlichen Bewertungsstandards verwerflich

erscheinen. In den beziehungsorientierten asiatischen oder Latino-kulturen stehen die persönlichen Bindungen jedoch weit über einer abstrakten Regel.

Das Dilemma erfährt eine weitere Zuspitzung, wenn in der Diskussion die häufige Frage aufkommt, ob der Fußgänger aufgrund des Unfalls gestorben ist. Insbesondere in Deutschland und den Vereinigten Staaten reagieren die Befragten dann noch stärker in der beschriebenen Richtung: Dem Freund wird absolut kein Recht eingeräumt, eine Falschaussage zu fordern, und eine solche Aussage ist unter der Prämisse, dass der Fußgänger gestorben ist, nahezu undenkbar.

Trompenaars berichtet schließlich von einer französischen Teilnehmerin, die zunächst, wie auch ein deutscher Teilnehmer, auf die erste Frage geantwortet hatte, dass der Freund zumindest ein wenig Recht darauf habe, eine Falschaussage zu fordern. Die zusätzliche Information veränderte die Reaktion der Teilnehmerin jedoch entscheidend. Sie fragte, warum der Seminarleiter diese äußerst wichtige Information nicht schon zu Anfang gegeben habe. Sie würde ihrem Freund unter diesen Umständen *auf jeden Fall* das Recht einräumen, eine Falschaussage zu fordern, und es stehe außer Frage, dass sie diese auch machen würde. Ein südamerikanischer Teilnehmer brachte es folgendermaßen auf den Punkt:»Wenn mir meine Freunde unter diesen Umständen nicht helfen, wozu habe ich dann Freunde?«

Es wird deutlich, dass das in Deutschland gängige Verständnis (unsere Übereinkunft), dass Regeln für alle gelten und grundsätzlich *über* den besonderen Umständen oder Beziehungen stehen, von einem großen Teil der Weltbevölkerung nicht bedingungslos geteilt wird.

Der Unterschied zwischen universalistischen und partikularistischen Kulturen ist keineswegs auf nationale Kulturen beschränkt. Auch Unternehmen können eher zu dem einen oder dem anderen Pol neigen. Hier drückt sich der Unterschied dann in Standardisierung oder Individualisierung bzw. in Zentralisierung und Regionalisierung aus.

4.1.2 Zentralismus/Regionalismus
Typische Merkmale eines universalistischen Unternehmens sind eine starke Zentralisierung der Organisation und eine Standardisierung der Produkte. Besonders augenfällig ist dies bei einigen großen amerikanischen Unternehmen der Sparten»Erfrischungsgetränke«,»Fast Food« und Hotelketten.

Die Produkte dieser Unternehmen sind weltweit nahezu identisch. Diese universalistische Tendenz lässt sich z. B. an der Ausstattung von Hotels aufzeigen. Wenn Sie ein häufiger Gast amerikanischer Hotelketten sind, ist Ihnen sicherlich aufgefallen, dass in den meisten Hotels einer Kette die Inneneinrichtung immer gleich aussieht. Menschen aus universalistischen Kulturen fühlen sich hier zu Hause.

Im Gegensatz dazu stehen Ketten wie »l'hôtel« oder auch die Haute Couture, die vor allem auf die Anfertigung von Einzelteilen, die individuelle Note und das Besondere setzen. Diese Haltung nennen wir partikularistisch.

Das standardisierende Vorgehen universalistischer Organisationen führt dazu, dass die Qualitätsstandards und das Corporate Image solcher Unternehmen auch bei internationalen Operationen beibehalten werden können.

Ein Konflikt entsteht dann, wenn es aufgrund des hohen Maßes an Standardisierung nicht gelingt, sich an die speziellen Erfordernisse unterschiedlicher Märkte anzupassen. Dort, wo die weltweit einheitlichen Produkte auf einem bestimmten Markt nicht ankommen, stößt der universalistische Ansatz an seine Grenzen. McDonald's hat dieses Dilemma in exemplarischer Art und Weise gelöst: Gab es zunächst weltweit nur den klassischen Hamburger mit standardmäßig 6,5 g Senf, hat man mit der Zeit erkannt, dass es in Mexiko oder Singapur andere Geschmäcke gibt. Also hat man die Produkte zuerst regional angepasst (partikularistische Vorgehensweise), d. h. den Kundenpräferenzen vor Ort angeglichen. Diese lokal angepassten Produkte, wie das »Texmex« oder die »Asian Chicken Wings«, wurden dann aber wiederum weltweit testweise oder in speziellen Zeiträumen angeboten. Konnten die Produkte dann auch in anderen Ländern abgesetzt werden, wurden sie dort ständig oder als regelmäßige, zeitlich begrenzte Aktion in die Produktpalette aufgenommen (universalistische Vorgehensweise).

Unternehmen können dem Dilemma zwischen verbindlichen Regeln, welche die Qualität und die Wirkung nach außen sichern, und den lokalen Anforderungen auch begegnen, indem sie integrative Ansätze erarbeiten. So kann es einer Filiale oder einem Produktionsstandort mit einem bestimmten Absatzmarkt durchaus erlaubt werden, flexibel auf die gegebenen Anforderungen zu reagieren. Zumindest im Rahmen der gültigen Regeln: Flexibilität ist so weit erlaubt, als die allgemeinen Grundsätze des Unternehmens nicht gebrochen werden.

Im Idealfall führt dies auch zu einer gesteigerten Innovationskraft des Unternehmens. Neue Produkte, die sich in einem speziellen Absatzmarkt bewährt haben, können versuchsweise auch in anderen Märkten eingeführt werden. Wenn dieses Vorgehen Erfolg hat, dann können die neuen Produkte in die standardisierte Produktpalette aufgenommen werden.

4.1.3 Was heißt (hier) fair?

Der Umgang mit Regeln und ihrer Anwendung in bestimmten Kontexten berührt unsere Vorstellungen von Gerechtigkeit und Fairness fundamental. Daran koppelt sich auch die Beurteilung der Vertrauenswürdigkeit unserer Geschäftspartner.

Ein indischer Geschäftsmann hatte die Leitungsfunktionen seines Unternehmens mit seinen Brüdern und Cousins besetzt. Aus der Sicht des deutschen Coachs erinnerte dies doch stark an »Vetterleswirtschaft« (um es mit einem süddeutschen Begriff auszudrücken). In Deutschland wird dies als Indiz für eine unklare Geschäftsführung und für undurchsichtige Strukturen, die unabhängig von der jeweiligen professionellen Kompetenz bestehen, gewertet. Darauf angesprochen und gefragt, ob dies nicht zu Misstrauen innerhalb des Unternehmens führen würde, reagierte der Geschäftspartner jedoch verwundert und fragte, wem er denn trauen solle, wenn nicht gerade den Mitgliedern seiner Familie.

Eine ähnliche Personalpolitik ist natürlich auch in arabischen Ländern zu beobachten. Die Zugehörigkeit zu machtvollen Clans oder Familien entscheidet hier maßgeblich über den Zugang zu wichtigen Positionen. Diese Strategie läuft unseren Vorstellungen von Transparenz und Fairness zuwider, ist jedoch in anderen Kulturen ein wichtiges Instrument dafür, eine Vertrauensbasis innerhalb eines Unternehmens und in Geschäftsprozessen zu schaffen.

Unsere Gerechtigkeitsvorstellungen sind nicht Common Sense in allen Kulturen.

Nach dem Vortrag über das Fußgängerdilemma kam ein Teilnehmer aus Korea auf den Seminarleiter zu. Er dankte überschwänglich. Auf die Nachfrage, wofür er sich bedanke, antwortete der Teilnehmer, dass er schon immer gewusst habe, dass Amerikaner korrupt seien, und nun habe er den Beleg. Amerikaner würden noch nicht einmal in einer solchen Situation ihren Freunden helfen (aus Trompenaars 2003).

Daran wird auch ersichtlich, dass Anwendung und Auslegung von Regeln und Gesetzen in hohem Maß kulturspezifisch sind. Selbst Konzepte, die in unserer Kultur sehr klar definiert sind, wie zum Beispiel Korruption, werden in anderen Kulturen anders ausgelegt. Das kann im Einzelfall zu gravierenden Brüchen zwischen den Vorstellungen von Geschäftspartnern führen – besonders dann, wenn delikate Bereiche der Kooperation betroffen sind. In vielen Fällen müssen deshalb die unterschiedlichen Sichtweisen, insbesondere im Hinblick auf Regeln und moralische Fragen, explizit abgeglichen werden.

Was den Umgang mit anderen Kulturen so interessant macht, ist genau diese in der Realität vorhandene Unterschiedlichkeit. Schwierig kann dabei jedoch die Tatsache sein, dass die unter der Dimension *Universalismus/Partikularismus* zusammengefassten Aspekte von Kultur unsere Gerechtigkeitsvorstellungen fundamental beeinflussen. Die Verletzung dieser Vorstellungen ist mit starken negativen und moralischen Gefühlen assoziiert. Wir reagieren gekränkt und enttäuscht, wenn sich Menschen nicht an unsere Regeln des Spiels halten. Das gilt auch für unsere Geschäftspartner, und es wäre ein fataler Fehler, Unterschiede in den Gerechtigkeitsvorstellungen dahin gehend zu werten, dass in bestimmten Kontexten gar keine Regeln bezüglich der Art und Weise, wie Geschäfte zu erledigen sind, existieren.

Daraus folgt, dass wir in einem interkulturellen Kontext im Hinblick auf den Interpretationsrahmen »gerecht/ungerecht« grundsätzlich sehr aufmerksam sein müssen. Die Dimension *Universalismus/Partikularismus* kann ein entscheidender Leitfaden sein, wenn wir verstehen wollen, wie wir, unsere Geschäftspartner oder unsere Arbeitskollegen Regeln auslegen und anwenden. »Gerechtigkeit« und »Regeln« sind sensible Themen. Ein leichtfertiger Umgang damit kann ernsthafte Konsequenzen haben.

4.2 Since when? Ich oder Wir? Gruppe oder Individuum?

4.2.1 Individualismus – Kollektivismus

Was ist wichtiger: die eigenen Bedürfnisse oder die Bedürfnisse der Gruppe? Ist es wichtiger, bei einem Abendessen authentisch seine Meinung zu sagen und damit eventuell die Stimmung zu verderben oder auf Harmonie zu achten und deshalb vielleicht bessere Argumente zurückzuhalten? Die Dimension des *Individualismus* und des *Kollektivismus* betrifft die Frage, wie Individuen sich auf Gruppen beziehen. Hintergrund ist, dass es zwischen verschiedenen Kulturen erhebliche Unterschiede in der Art und Weise gibt, wie der Einzelne sich selbst sieht und ob Gruppen und, wenn ja, welche für die Bestimmung der eigenen Identität eine wichtige Rolle spielen (vgl. Markus a. Kitayama 1991). Diese Dimension gilt in der kulturvergleichenden Psychologie als eine der entscheidenden Perspektiven, will man Unterschiede im Denken und Fühlen zwischen Kulturen beschreiben (vgl. Triandis 1995). Tatsächlich berührt sie auch das Fundament westlicher Kulturen, nämlich die Vorstellung des unabhängigen und freien Individuums, das nach Erfolg, Erfüllung und persönlicher Verwirklichung strebt.

Bei einem Treffen einer international zusammengesetzten Gruppe von Nachwuchsführungskräften wurde folgende Situation beschrieben: Einer der Teilnehmer aus Indien hatte an einer renommierten deutschen Universität Maschinenbau studiert. Zu Weihnachten flog er nach Indien zu seiner Familie, und es gab dort eine lange Auseinandersetzung zwischen ihm und seinem ältesten Bruder, bei der es um seine weitere Karriereplanung und verschiedene mögliche Wege ging. Zum einen gab es die Überlegung, eine Zeit in Spanien zu verbringen mit dem Ziel, die Sprache zu lernen und internationale Erfahrungen zu sammeln. Zum anderen bestand die Überlegung, das Studium in Deutschland direkt fortzusetzen und unter Umständen eine Doktorarbeit anzuschließen.

Während er selbst eher in Richtung des Spanienaufenthalts tendierte, sprach sich der Bruder sehr eindeutig und zunehmend vehement für die Fortsetzung des Studiums in Deutschland aus. Die Diskussion wurde immer heftiger, und schließlich brach es aus dem älteren Bruder heraus: »Since when do you think, it is your life?«

In kollektivistischen Kulturen steht das »Wir«, also die soziale Gruppe, im Vordergrund. Wie konnte sich der jüngere Bruder erdreisten anzunehmen, sein Leben gehöre ihm, und sich der Meinung seines ältesten Bruders (der in der indischen Familienhierarchie gleich nach dem Vater steht) widersetzen? Die Gruppe, hier die Familie, nimmt in Indien entscheidend Einfluss auf Belange, die das Individuum betreffen. Dabei werden Entscheidungen besonders an ihren Konsequenzen für die Gruppe abgewogen. Der Platz des Individuums, seine Funktion und Rolle innerhalb der Gruppe sind wichtiger als die Verwirklichung individueller Bedürfnisse und Vorstellungen.

In diesem Kontext sind auch die noch heute üblichen arrangierten Ehen in Indien oder dem arabischen Raum zu verstehen, denen folgende Vorstellungen zugrunde liegen: Wie können die jungen Leute wissen, wer zu ihnen passt? Die Eltern mit ihrer Lebenserfahrung wissen doch besser, wer in die Familie passt bzw. wer in der Lage ist, die Werte der Familie weiterzutragen.

Früh übt sich ...

Diese Unterschiede zeigen sich schon in der Kindererziehung. In individualistischen Ländern, zum Beispiel Nordamerika und Deutschland, stehen in der Eltern-Kind-Interaktion häufig die spezifischen Leistungen des Kindes im Mittelpunkt. Jede noch so krakelige Kinderzeichnung bekommt einen Platz am Kühlschrank und wird als Ausdruck der individuellen Fähigkeiten und der Persönlichkeit gewertet.

Diese Interaktionsformen stärken natürlich die Vorstellung einer unabhängigen Persönlichkeit, deren »wahrer Kern« von den Gruppen, denen die Person angehört, unbeeinflusst ist oder sein soll. Individuelle Leistungen werden belohnt. Dagegen konzentriert sich die Kindererziehung in kollektivistischen Ländern, so zum Beispiel auch in Japan, darauf, dass die Kinder sich in eine Gruppe einfügen. Trainiert wird die Integration in die Gruppe, und Bestrafung drückt sich hauptsächlich durch Ausschluss aus der Gruppe aus.

Ob sich eine Person eher über die Gruppe definiert, der sie angehört, oder ob sie sich mehr als unabhängiges Individuum sieht, hat einen elementaren Einfluss darauf, wie sie die Welt und ihren Platz darin versteht. In manchen asiatischen Sprachen hat man beispielsweise kein Wort dafür, »Ich« auszudrücken. Die Referenz auf die eigene Person ist dort zwar prinzipiell möglich, muss aber mithilfe schwieriger sprachlicher Konstruktionen formuliert werden.

Nomen est omen

In den Sprachen kollektivistischer Kulturen spielen Vornamen eine weniger wichtige Rolle als die Position innerhalb der Gruppe oder die

Beziehungen zwischen den Personen. So werden Chinesen nicht mit Vornamen im westlichen Sinn angesprochen. Stattdessen wird die direkte Anrede innerhalb einer Gruppe so gestaltet, dass die einzelne Person in ihrer Beziehung zu den anderen Anwesenden beschrieben wird. Anreden lauten beispielsweise »Tochter von ...«, »Kleiner Bruder von ...«. Der Rufname einer Person verändert sich also nach der Art der Beziehung, in der sie sich befindet. Dies ist insbesondere für Menschen mit individualistischem Hintergrund extrem verwirrend.

Interessant ist eine Beobachtung aus der Zusammenarbeit mit chinesischen Firmen und Mitarbeitern: Einige chinesische Mitarbeiter hatten sich auf die »individualistischen Ohren« ihres Gegenübers eingestellt und sich relativ einfache, westliche Vornamen zugelegt. Die westlichen Mitglieder der Arbeits- und Beratungsteams konnten sich diese Namen besser merken. Die chinesischen Mitarbeiter »John«, »Ray« und »Phil« wurden deshalb auch weit häufiger angesprochen als die anderen Mitarbeiter.

4.2.2 Organisation und Management in kollektivistischen und individualistischen Kulturen

Die entsprechende Ausrichtung hat natürlich auch einen Einfluss auf die Entlohnungssysteme in Unternehmen mit individualistischem und kollektivistischem Hintergrund. In von amerikanischer Firmenkultur geprägten Organisationen gibt es Entlohnungssysteme, die die individuellen Leistungen einzelner Teammitglieder hervorheben. Die Ausrichtung eines Entlohnungssystems ist also eher kompetitiv und soll einen Anreiz zur Leistungsverbesserung schaffen. Besonders produktive Mitarbeiter werden öffentlich gelobt und als Beispiel für gute Leistungen gefeiert. Dieses Vorgehen wäre in kollektivistischen Ländern nicht anzuraten. Hier werden häufig Entlohnungssysteme eingesetzt, die die Gruppe als Ganzes belohnen. Es wird eher vermieden, einzelne Personen hervorzuheben. Denn für die so »Erwählten« wäre dies aller Voraussicht nach eine höchst unangenehme Erfahrung.

In der Arbeit mit Teams ist die Dimension *Individualismus/Kollektivismus* oft hochrelevant. Abgesehen von der Art der Entlohnung, spielen hier auch unterschiedliche Konversationsstile eine Rolle. Während die eigene Meinung und insbesondere Kritik gegenüber der eigenen Gruppe von individualistisch orientierten Menschen relativ leicht geäußert werden kann, tun sich Mitglieder kollektivistischer Kulturen damit viel schwerer. Das Ziel ist hier häufig, die Gruppe als Ganzes in einem guten Licht darzustellen.

In einem Workshop in Ägypten, an dem der deutsche Geschäftsführer einer englischen Division, sein englisches Team und einige der ägyptischen Mitarbeiter beteiligt waren, ereignete sich Folgendes:
Das Projekt lief nicht zur Zufriedenheit, und die Effizienz sollte gesteigert werden. Das Management musste etwas unternehmen. Der Geschäftsführer hielt eine Brandrede und machte äußerst deutlich, dass er nur noch mit den motivierten Mitarbeitern zusammenarbeiten wolle. Allen, denen dieser Ansatz nicht passe, stehe es frei, sich einen anderen Job zu suchen.

Die englischen Führungskräfte, die zuvor an einem Empowering-Programm für das Middle Management teilgenommen hatten, waren nicht gerade *amused*. Sie kommentierten diese Direktheit entsprechend und äußerten, dass gerade die Art und Weise, wie hier versucht werde, das Problem zu lösen, möglicherweise ihre Demotivation nach sich ziehen würde.

Aufgelöst wurde die Situation durch eine ägyptische Human-Resources-Mitarbeiterin, die das Wort ergriff. Die Engländer müssten verstehen, dass die Deutschen nun einmal so seien: Sie sagten alles, was sie denken, einfach geradeheraus. Demgegenüber würden die Ägypter (und auch die Engländer) immer auch darauf achten, wie eine Äußerung vom Umfeld aufgenommen werde und wie das Umfeld sich gerade fühle. Dies sei auch der Grund, warum viele Dinge nicht angesprochen und relativ vage kommuniziert würden.

Der Nachteil dabei sei, dass man dadurch auch häufig nicht zum Punkt komme, weil man sich in den Vermutungen über die Befindlichkeit des Gegenübers verheddere. Und die Deutschen würden sich nun einmal nicht darum kümmern, wie andere sich fühlen, und deshalb einfach sagen, was sie denken.

Damit war das Eis gebrochen. Die HR-Mitarbeiterin hatte es aus einer Metaposition heraus (die kulturellen Unterschiede wurden nicht aus der Perspektive *einer* Kultur angesprochen, sondern es wurde eine *kulturübergreifende Position* eingenommen) erreicht, dass über die Irritation der Teilnehmer diskutiert werden konnte, indem sie auf die kulturellen Unterschiede zwischen Deutschen, Engländern und Ägyptern eingegangen war.

Bei Gesprächen in kollektivistischen Settings geht es häufig nicht darum, wer recht hat, sondern darum, die Gruppe in ihrer Gesamtheit positiv darzustellen und in Harmonie miteinander zu arbeiten. Darum muss den Beziehungs- und Harmonieaspekten in polykulturellen Teams und Gruppen mehr Augenmerk geschenkt werden, als wir dies in unseren Breitengraden gewohnt sind. Es ist nicht immer davon auszugehen, dass jeder sagt, was er meint. Man muss häufiger nachfragen und auch oft *anders* fragen, um die genaue Meinung eines Gesprächspartners in Erfahrung zu bringen.

4.2.3 We are family ...

Es gibt Firmenkulturen in Deutschland, in denen kollektivistische Werte im Vordergrund stehen. Das ist zum Beispiel bei Familienunternehmen häufig der Fall. Dort werden Mitarbeiter anders behandelt als in Unternehmen, die nicht in Familien verwurzelt sind (vgl. Simon, Wimmer u. Groth 2005).

Die Tochter eines Mitarbeiters in einem Familienunternehmen musste nach einem Unfall mit einer teilweisen Behinderung leben. Ein Auto sollte so umgebaut werden, dass es den veränderten Anforderungen gerecht würde. Da dies mit dem Auto des Mitarbeiters nicht möglich war, stellte der Firmeninhaber sein eigenes Auto für die Umrüstung zur Verfügung.

In kollektivistischen Kulturen wird die Verantwortung, die der Chef seinen Mitarbeitern gegenüber hat, auch auf die Familie der Mitarbeiter erweitert. In Indien ist es üblich, dass der Vorgesetzte der Familie einen Besuch abstattet, wenn Familienmitglieder erkranken. In Deutschland sind der berufliche und der private Bereich dagegen viel stärker voneinander getrennt, und solch ein Besuch würde unter Umständen als Eindringen in die Privatsphäre gewertet.

In einer von mir Ende der 90er-Jahre bei einem deutschen Automobilhersteller in Pune, Indien, durchgeführten Studie zum Vergleich deutschen und indischen Führungsverhaltens war der Hauptunterschied, den die Befragten nannten, die *caring attitude* der indischen Führungskräfte gegenüber ihren Mitarbeitern, die die Deutschen nicht zeigten. Die deutschen Führungskräfte beschränkten sich in der Regel auf die betrieblichen Belange. Die indischen Mitarbeiter beklagten dies nicht, sondern beschrieben eher den Unterschied. Sie waren sich wohl bewusst, dass sie in einer deutschen Firma arbeiteten, in der die Führungskultur eine andere ist. Sie wollten diesen Managementstil erlernen. Eine deutsche Führungskraft, die versucht hätte, indisch zu führen, hätte eher Verwunderung ausgelöst.

Die Dimension *Individualismus/Kollektivismus* ist einer der besterforschten Kulturunterschiede. Die Auffassung von Kooperation, Zusammenarbeit und den Rechten und Pflichten innerhalb einer Gruppe ist davon beeinflusst, wie wir uns selbst wahrnehmen und wie wir uns in Relation zu anderen sehen.

Daraus resultieren auch völlig verschiedene Interaktionsmuster. In kollektivistischen Kulturen sind Konsens und Harmonie bei Entscheidungen viel wichtiger als in individualistischen Kulturen (vgl. 4.2.1). Der Abstimmung unterschiedlicher Interessen wird mehr Raum zugestanden. Auch werden Differenzen nicht explizit benannt. Es ist somit in kollektivistischen Kulturen schwieriger, vorhandene Meinungsunterschiede anzusprechen und offen Kritik zu üben.

4.3 Macht, Hierarchie und Autorität

4.3.1 Kommunikative Rechte

Statusunterschiede beeinflussen die Kommunikation. Die Dimension der *Machtdistanz* beschreibt die kommunikativen Unterschiede, die in hierarchischen Beziehungen entstehen. Welche kommunikativen Rechte hat man gegenüber Statushöheren? Wie stark ist das Gefälle zwischen Vorgesetzten und Untergebenen bzw. Mitarbeitern? Gelten die gleichen Rechte und Pflichten für alle Hierarchiestufen? Auf kommunikativer Ebene betreffen diese Fragen das Recht, Informationen von Vorgesetzten einzuholen, ihnen zu widersprechen oder Kritik zu äußern.

Die Fluggesellschaft *Korean Air* hatte in den Jahren vor 2001 eine verheerende Statistik bezüglich Zwischenfällen und gab eine Untersuchung in Auftrag. Die Ergebnisse zeigten, dass die Kopiloten, selbst gegen besseres Wissen, ihre Vorgesetzten – also die Piloten – nur selten auf Fehler aufmerksam machten bzw. deren Entscheidungen nicht infrage stellten. Als Konsequenz dieser Studienergebnisse wurden bei der Fluglinie Trainings durchgeführt, die zu einer Veränderung der fehleranfälligen Kommunikationsmuster beitragen sollten.

Die koreanische Kultur ist eine Kultur mit sehr hoher Machtdistanz, in der offene Kritik gegenüber einem Vorgesetzten nicht geäußert wird. Die Flugzeugführer trainierten deshalb, miteinander auf Englisch zu sprechen. Im Gegensatz zum Koreanischen ist das Englische eine Sprache, in der die Sprachgrammatik wenig Rücksicht auf den sozialen Status des jeweiligen Gesprächspartners nimmt. Das »You« als Anrede kommuniziert keine Unterscheidung bezüglich des Status oder der Vertrautheit der Gesprächspartner. Durch diese Vorgabe und die damit einhergehende Neutralisierung der Kulturregeln war es den Kopiloten nun möglich, Kritik und Widerspruch zu äußern. In der Folge verbesserte sich die Unfallstatistik (Flottau 2001).

4.3.2 Der Vorgesetzte als Primus inter Pares?

Im Rahmen ihrer Ausbildung sollten einige Nachwuchsführungskräfte ein Projekt in Mexiko bearbeiten. In der Mittagspause aß die Gruppe meist gemeinsam, oft wurde von außerhalb Pizza ins Büro bestellt. Nach einiger Zeit wurden die Jungmanager von ihrem mexikanischen Vorgesetzten darauf aufmerksam gemacht, dass es nicht gerne gesehen sei, wenn im Büro gegessen werde, da Arbeitsmaterialien und Möbel verschmutzt werden könnten. Als die Gruppe am nächsten Tag nach der Mittagspause zurück ins Büro kam, trafen sie den Chef an, der an seinem Arbeitsplatz eine Pizza aß. Die deutschen Mitglieder der Gruppe waren verärgert und sprachen ihn darauf an. Der Chef reagierte konsterniert. – Wie konnten seine Mitarbeiter davon ausgehen, dass die von ihm aufgestellten Regeln auch für ihn gelten?

Für Deutsche ist ein solches Verständnis der Beziehung zwischen Vorgesetzten und Mitarbeitern nur schwer zu verstehen und zu akzeptieren. In deutschen Firmen herrscht im Allgemeinen ein recht egalitärer Umgang mit Hierarchie vor. Zumindest ist er oft egalitärer, als dies von Mitgliedern anderer Kulturen – auch aufgrund der deutschen Geschichte – erwartet wird, nämlich eher im Sinn einer gewissen Autoritätshörigkeit und -starre sowie strenger Hierarchien.

Die Vorstellung, »dass die Deutschen gut organisiert sind, also auch ein autoritäres Führungsverständnis haben«, ist der Hauptgrund für Missverständnisse innerhalb deutsch-amerikanischer Teams. Zudem vermuten Deutsche auf der amerikanischen Seite ein demokratisches Teamverständnis, schließlich haben die Amerikaner uns Deutschen ja nach dem Zweiten Weltkrieg Demokratie beigebracht. Deshalb gehen wir davon aus, dass amerikanische Teams auf die gleiche Weise funktionieren wie deutsche: Alle dürfen bei Entscheidungen mitreden; einmal getroffene Entscheidungen, deren Sinnhaftigkeit nicht gesehen wird, können infrage gestellt werden. Das blinde Befolgen von »Befehlen«, also Entscheidungen, ist – das hat man aus der Geschichte gelernt –, ein Verhalten, das man lieber nicht an den Tag legen möchte.

Im Gegensatz dazu erleben deutsche Manager die amerikanischen Teammitglieder oft als unselbstständig und unfähig, eigene Gedanken zu entwickeln, weil sie auf eine Entscheidung ihres Chefs warten. Amerikanische Teams sind aber stärker an den Rollen in der Organisation ausgerichtet: Die Rolle des Managements ist es, Entscheidungen zu treffen, die Rolle des Teams ist es, die einmal getroffenen Entscheidungen umzusetzen.

Ein kanadischer Manager, der seinen ersten Auftritt in einem Workshop mit seinem internationalen, aber deutsch geprägten Team hatte, staunte nicht schlecht, als ihm die Mitarbeiter nahebrachten, welche Aufgaben sie bei ihm sähen (die Mitarbeiter wollten also die Rolle des Vorgesetzten im Konsens und Dialog mit dem Chef festlegen). Auf seine Bemerkung hin, dass die vorgebrachten Positionen nicht wirklich verhandelbar seien (»... but it is a decision«), bekam er die Antwort, dass die Deutschen die Notwendigkeit sähen, darüber zu sprechen (»... we have to discuss it«).

An diesem Beispiel wird deutlich, dass Mythen und Stereotype die tatsächlichen Sachverhalte stark verzerren können.

Im Gegensatz zu manchen stereotypen Vorstellungen, die man von Deutschen hat, ist eine egalitäre Zusammenarbeit zwischen Vorgesetzten und Mitarbeitern in Deutschland sehr gut möglich. Dies bedeutet nicht, dass Hierarchie in deutschen Firmen keine Rolle spielt, aber insbesondere bei der Arbeit in Projekten wird Autorität an diejenigen weitergegeben, die Fachwissen und -kompetenzen haben. Der Teamleiter ist dann häufig der Primus inter Pares. Natürlich muss und kann auch in solchen Zusammenhängen nicht alles kommuniziert werden, doch lässt sich ein Stil gleichberechtigter Kommunikation zwischen Mitarbeitern und Vorgesetzten leichter etablieren als in anderen Kulturen.

4.3.3 Deutsch-französische (Kon-)Fusionen

Überrascht sind viele Deutsche auch, wenn sie in Kontakt mit der französischen Unternehmenskultur kommen. Die Erwartung, getreu dem Leitspruch »Égalité, Fraternité, Liberté« in französischen Firmen ein gleichberechtigtes Miteinander und einen relativ lässigen Umgang mit Regeln (Laisser-faire) vorzufinden, wird selten bestätigt.

Meist ist genau das Gegenteil der Fall. Ein französischer Président Directeur Générale (PDG) führt aus deutscher Sicht sehr autoritär. Alle Entscheidungen innerhalb des Unternehmens laufen über den Tisch des Generaldirektors. Regeln und Prozeduren haben einen hohen Stellenwert. Das bedeutet auch, dass die inhaltlichen Möglichkeiten eines Mitarbeiters durch den Vorgesetzten bestimmt werden. Es muss also eine genaue Aufgabenbeschreibung geben, die regelt, was der Mitarbeiter im betreffenden Bereich unternehmen kann. Bevor es keine Regeln oder vorgeschriebenen Prozesse gibt, tun sich französische Mitarbeiter schwer, Entscheidungen zu treffen oder überhaupt zu arbeiten. Matrixorganisationen oder Projektorganisationen sind in der französischen Kultur deshalb kaum umsetzbar. Die notwendigen Aushandlungsprozesse bezüglich der Rechte und Befugnisse von Linien- und Funktionsmanagern wären zu schwierig umzusetzen.

Franzosen wiederum haben von den Deutschen das Bild, dass alles nach strikten Regeln und Prozessen durchgeführt wird und dass ein sehr autoritärer Führungsstil herrscht. Nun werden Entscheidungen in Deutschland aber – wie oben dargestellt – oft konsensual getroffen.

Diese sich überkreuzenden Erwartungen der Franzosen und Deutschen generieren ein ganzes Bündel potenzieller Missverständnisse und Frustrationen, die zu gegenseitigen Vorwürfen der Nichtprofessionalität führen können.

Bei der im Folgenden beschriebenen Fusion eines französischen Automobilzulieferers mit einem deutschen (mittelfränkischen[5]) Konzern war genau dies geschehen:

In dem deutschen Unternehmen war die Kultur besonders egalitär, den Mitarbeitern wurde viel Freiheit gelassen. Die Vorgesetzten hatten nur relativ wenige Vorgaben gemacht und die inhaltliche Verantwortung an das Projektteam weitergegeben. Dieses Team durfte auf Grundlage dieses »ungeschriebenen Gesetzes« erst einmal ohne Regeln und Prozeduren loslegen und so lange arbeiten, bis es an Autoritäts- und Entscheidungsgrenzen stoßen würde. In diesem Moment hätten die Vorgesetzten dann eingegriffen.

Die deutschen Führungskräfte, die mit der Post-Merger-Integration betraut waren, erwarteten in Frankreich eine partizipative Zusammenarbeit und dass sich die französischen Mitarbeiter an diesem zunächst recht freien inhaltlichen Arbeiten aktiv beteiligen – und dies auch wertschätzen – würden. Sie gingen davon aus, dass die Franzosen ihre Vorschläge dazu darlegen würden, wie die zukünftige Zusammenarbeit gestaltet werden könne. Zusammen mit den Ideen der Deutschen sollte dann gemeinsam das weitere Vorgehen abgestimmt werden.

Doch während die Vertreter der deutschen Seite von ihren Vorgesetzten grünes Licht und freie Hand für die Exploration der Zusammenarbeit bekommen hatten, erwarteten die französischen Kollegen ein sehr autoritäres und strukturiertes Vorgehen. Sie stellten sich vor, dass die Deutschen ein paar Tage nach der Fusion eintreffen und ihre ausformulierten Prozesse und Regeln erklären sowie detaillierte Pläne und Richtlinien vorlegen würden, die sie dann umsetzen könnten. Sie erwarteten eine genaue Aufgabensetzung, bei der die Grenzen der Möglichkeiten im Vorfeld geklärt wären: Wie beim Umlegen

---

5 Die Tatsache, dass es sich um einen fränkischen Konzern handelte, war insofern wichtig, als die Besonderheiten der regionalen Kultur einen wesentlichen Bestandteil der Unternehmenskultur darstellten. Franken hat eine mittelständische Handwerksbetriebskultur, und die Franken gelten in Deutschland nicht gerade als die Redseligsten, manche behaupten sogar, sie seien stur. Im Kontakt mit Franzosen ist dies nicht unbedingt hilfreich.

eines Schalters würde die französische Organisation nach einem anderen Prozessplan agieren.

Beide Seiten erlebten einander in der Folge als inkompetent: Zunächst wurde jedoch viel geredet und analysiert, wodurch die französische Seite stark verunsichert war. Das vermeintlich unstrukturierte Vorgehen der Deutschen mit seiner »chaotischen Entscheidungsfindung ohne klare Kriterien« wurde als unprofessionell wahrgenommen.

Die Deutschen hingegen waren enttäuscht, dass die Franzosen alles geregelt haben wollten, und von der Tatsache irritiert, dass sich die französischen Mitarbeiter sehr eng an die Vorgaben ihrer Vorgesetzten hielten und vorwiegend mit ihrem Status und ihrer Rolle in der Hierarchie beschäftigt waren. Aufgrund der vielen Nachfragen und Rückversicherungen hatten die Deutschen ebenfalls das Gefühl, es mit wenig kompetenten Kollegen zu tun zu haben. »Sind wir hier im Kindergarten?«, fragte ein deutscher Geschäftsführer, als wiederholt die Frage nach dem Prozedere aufkam.

Erst, als in einem Workshop die wechselseitigen Muster der Kompetenzzuschreibung und der Herstellung und Wahrnehmung von Kompetenz beschrieben und die kontraproduktiven Interpretationen aufgelöst wurden, konnten die beiden Teams auf Gemeinsamkeiten in den Kulturen fokussieren und etwas Neues entstehen lassen (vgl. 5.3).

Im Kern berühren die fehlgeleiteten reziproken Kompetenzzuschreibungen dieses Beispiels den Umgang mit Status und Hierarchie. Nachfragen und die Rückversicherungen der Franzosen waren Ausdruck und Beschreibung des Machtgefälles zwischen der deutschen und der französischen Seite.

Die negative Bewertung der Kompetenz der jeweils anderen Seite resultierte aus den jeweiligen kultureigenen Standards. Die Franzosen bewerteten die Kompetenz der Deutschen aufgrund der inhaltlichen Offenheit, der keine feste Struktur und keine genaue Beschreibung der Tätigkeiten zugrunde lag, als Versagen in genau diesem Punkt. Die Deutschen bewerteten Kompetenz jedoch im Hinblick auf einen völlig anderen *Bezugspunkt*: Kompetenz wurde dort zugeschrieben, wo sich eine Person umfassend und eigeninitiativ inhaltlich beteiligte und dabei auch Ideen und Ansichten zu Angelegenheiten äußerte, die außerhalb des eigenen Aufgabenbereichs lagen. – Vielleicht auch deshalb, weil die administrative Entscheidungsbefugnis auf einer anderen Ebene angesiedelt war.

Verhaltensweisen, die in der einen Kultur als kompetent angesehen werden, lösten also in der anderen Kultur genau die gegenteilige Wahrnehmung aus. Mitarbeiter aus anderen Kulturkreisen können sehr sensibel gegenüber den von ihren Vorgesetzten zu treffenden Entscheidungen sein. Das heißt keineswegs, dass sie inkompetent sind, weil sie nichts unternehmen, was nicht von ihrem Chef abgesegnet wurde – denn aus ihrer Sicht sind Rückfragen notwendig. Und dies gerade nicht aus inhaltlichen Gründen, sondern aus Respekt vor der nächsthöheren Ebene.

4.3.4 Führung und Kompetenz in interkulturellen Kontexten

Auch für die Führungspersonen selbst gilt es in diesem Zusammenhang, sehr aufmerksam zu sein. Durch eine zu geringe Distanz zu den Mitarbeitern kann ein neuer Vorgesetzter sehr schnell Reputation und Respekt verlieren. In deutschen Ingenieurskulturen ist fachliche Kompetenz auch auf der Führungsebene eine wichtige Eigenschaft, will man sich Respekt und Anerkennung verschaffen. Während es deshalb in Deutschland durchaus positiv aufgenommen wird, wenn ein neuer Chef zusammen mit den Mitarbeitern anpackt, wird dies in Ländern mit einer großen Machtdistanz und klar abgegrenzten Hierarchien eher mit Befremden wahrgenommen.

Bei einem internationalen Projekt wurden in Spanien die Produktionshallen besichtigt. Die deutschen Führungskräfte, die ihrerseits erfahrene Ingenieure waren, zeigten ihr Interesse an der Materie und dem Produktionsprozess, indem sie die Werkstücke in die Hand nahmen und sich detailliert nach Abläufen erkundigten. Im Kontrast dazu bewegte sich der spanische Direktor der Fabrik in edlem Zwirn und handgenähten Schuhen durch die Werkshalle.

Die deutschen Führungskräfte erlagen hier dem (sehr häufig zu beobachtenden) Missverständnis, dass sie in machtdistanten Kulturen Reputation gewinnen, wenn sie besonders egalitär und kumpelhaft mit den Mitarbeitern interagieren. Auch der Referenzrahmen, der in Deutschland und Spanien jeweils die Kompetenzzuschreibung charakterisiert, stimmte in dieser Situation nicht überein. Um seinen Status zu demonstrieren, fasste der spanische Direktor in der Fabrik eben nichts an. Die deutschen Ingenieure zeigten sich dagegen *inhaltlich* kompetent, um ihren Status auszudrücken.

Auch Indien ist beispielsweise eine Kultur mit sehr hoher Machtdistanz und klaren sozialen Grenzen, was durch das Kastenwesen noch begünstigt wird.

In einem deutsch-indischen Industrialisierungsprojekt waren deutsche Führungskräfte in Indien als *expatriates* eingesetzt. Einer der eher »egalitären« Manager aus Sindelfingen lud seinen Fahrer mit der ganzen Familie zum Essen ein. Diese freundliche Geste wurde gerne angenommen, hatte aber dramatische Folgen: Durch die Auflösung der hierarchischen Beziehung zwischen dem Fahrer und seinem deutschen Vorgesetzten fühlte sich der Fahrer auf die Ebene seines Arbeitgebers befördert. In der Konsequenz erledigte er seine Aufgaben nicht mehr. Dies hatte nichts mit fehlender Arbeitsbereitschaft zu tun, vielmehr war die Einladung zum Essen für den Inder ein Zeichen der sozialen Aufwertung und Gleichsetzung mit dem Arbeitgeber. Für jemanden auf dieser Ebene ist es aber nicht üblich, niedrige Arbeiten wie Autoputzen oder Fegen zu übernehmen. Diese Arbeiten delegierte er nun weiter.

Der Umgang mit sozialen Gruppen, in denen eine hohe Machtdistanz herrscht, ist insbesondere für Deutsche eine Herausforderung. Neben den skandinavischen Ländern ist Deutschland das europäische Land, in dem am egalitärsten mit Hierarchieunterschieden umgegangen wird. Für Teammitglieder gilt deshalb, dass gegenüber Vorgesetzten mit anderem kulturellem Hintergrund ein besonders vorsichtiger Gesprächsstil angebracht ist. Der umfassenden Information über Entscheidungen, das eigene Vorgehen und aktuelle Entwicklungen seitens des Vorgesetzten kommt in machtdistanten Kulturen eine entscheidende Rolle zu.

Managern muss klar sein, dass die Interaktionsmuster, mit denen Macht, Status und Kompetenz kommuniziert und aufrechterhalten werden, sehr fragil sind. Sie sollten ihr besonderes Augenmerk deshalb darauf richten, die Regeln der Autorität – insbesondere auch im Kontakt mit anderen Führungskräften – zu verstehen. Die Zuschreibung von Kompetenz ist schwerer aufzubauen, als zu zerstören.

4.4 Sind Sie sicher? Unsicherheit und Kontrolle

4.4.1 Unsicherheitstoleranz – Unsicherheitsvermeidung

Das Beispiel der deutsch-französischen Fusion (vgl. 4.3.3) kann unter Umständen den Eindruck wecken, dass Deutsche wenig dazu geneigt sind, Pläne zu machen. Pläne sind in der Regel dazu da, Unerwartetes auszuschließen und einen geregelten Ablauf sicherzustellen, also möglichst viele Eventualitäten vorauszusagen und den Umgang damit zu organisieren. Generell sind Deutsche sehr bemüht, Aufgaben so zu planen, dass es keine »bösen« Überraschungen geben kann, da man in Deutschland im Allgemeinen eine sehr geringe *Unsicherheitstoleranz* hat. Wir betreiben einen erheblichen Aufwand, um Überraschungen zu vermeiden.

In der Endphase eines deutsch-spanischen Produktentwicklungprojekts in der Automobilindustrie sollte der Prototyp eines gemeinsam entwickelten Transporters auf einer Bühne enthüllt werden. Für die Veranstaltung wurde ein geeigneter Ort in Spanien gesucht. An einem der möglichen Veranstaltungsorte war eine Bühne aus Holzplanken aufgebaut. Auf die Frage hin, ob diese Bühne das Gewicht des Wagens wirklich tragen könne, stampfte der spanische Veranstalter dreimal fest auf die Bretter und beantwortete die Frage dann mit einem überzeugten Ja. Dies entsprach allerdings nicht den deutschen Vorstellungen von einer Gewichtsprüfung. Die Entscheidung fiel schließlich gegen diesen Veranstaltungsort. Das Bild des durch die Bühne krachenden Transporters sollte auf keinen Fall Realität werden.

Die Dimension *Unsicherheitstoleranz/Unsicherheitsvermeidung* beschreibt den Aufwand, der in einer bestimmten Kultur dafür betrieben wird, Dinge voraussehbar und sicher zu machen. Wichtig ist dabei, wie groß dieser Aufwand und die Absicherung jeweils sind. In Kulturen, die unsicherheitstolerant sind, wird relativ wenig Energie auf das Vorausplanen der Dinge ver(sch)wendet. Es wird implizit davon ausgegangen, dass sich alle Probleme zum entscheidenden Zeitpunkt regeln lassen.

In diesen Kulturen ist die Fähigkeit der Menschen, in letzter Minute einfach zu improvisieren, stark ausgeprägt. Wir erinnern uns an die ständigen Meldungen vor den Olympischen Spielen in Athen im Jahr 2004, dass die Spielstätten nicht fertig würden. Das deutsche Projektmanagement war schon lange zusammengebrochen, aber die Griechen schafften es doch noch rechtzeitig, fast alles so fertigzustellen, dass es funktionierte und es wurden wunderbare Sommerspiele.

4.4.2 Information und Kontrolle

Die Verfügbarkeit von Informationen spielt eine entscheidende Rolle. Durch die neuen Medien ist es möglich, viele Angelegenheiten schon im Vorfeld zu klären. Für einen Kongress oder einen Workshop kann der Veranstaltungsort bereits früh festgelegt werden. Den Teilnehmern können Informationen bezüglich der Anreise, des Menüs, des Ablaufs usw. lange vor dem Ereignis zur Verfügung gestellt werden. In infrastrukturell und technisch gut aufgestellten Ländern ist es in weitaus stärkerem Maß möglich, Dinge im Vorfeld zu planen: Während beispielsweise Bus- und Zugfahrpläne in vielen Ländern Lateinamerikas und Asiens eher einen Orientierungscharakter haben, werden sie insbesondere in Deutschland als unumstößlicher Fakt angesehen, und eine Verspätung, sprich: Nichteinhaltung, wird mit Ärger und Fassungslosigkeit quittiert.

Speziell im Kontakt mit Kulturen, die eine hohe Unsicherheitstoleranz haben, tun sich Deutsche häufig sehr schwer. Die Tatsache, dass wichtige Elemente eines Prozesses nicht vollständig durchgeplant sind, führt viele Deutsche an den Rand der Verzweiflung und entsprechend wiederum zur Zuschreibung der Nichtprofessionalität. Dass auf der anderen Seite die Flexibilität und Fähigkeit zur Improvisation in letzter Minute stehen, kann vom Standpunkt der hochgradigen Unsicherheitsvermeidung aus nicht gesehen und auch nicht gewürdigt werden.

Dabei spielen historische und wirtschaftliche Faktoren vielleicht eine Rolle. Gerade Deutschland verfügt über eine konstante Versorgung mit Infrastruktur und Gütern. Seit dem Ende des Zweiten Weltkriegs ist Deutschland eines der stabilsten Länder der Welt. Prozesse und Ergebnisse sind hier besser planbar als in Ländern, in denen eine solche Stabilität und Konstanz nicht gegeben ist.

So waren die Menschen in den ehemals zum Ostblock gehörenden Ländern Mittel-, Ost- und Südosteuropas lange Zeit viel stärker dazu gezwungen zu improvisieren. Bei Aufträgen in diesen Ländern ist es deshalb ratsam, im Vorfeld Kollegen ins Boot zu holen, die sich dort gut auskennen und wissen, wie sie mit sich vor Ort verändernden Bedingungen umgehen können. Solche Kollegen sind als »Insider« wichtige *Kulturinformanten* (vgl. 5.4.3).

4.4.3 Die Kunst der Improvisation

Im Umgang mit unsicherheitstoleranten Kulturen ist es von Vorteil, sich auf Unwägbarkeiten aller Art einzustellen. Es muss davon ausgegangen werden, dass nicht alles so läuft, wie es ursprünglich vorbereitet und vorgesehen war. Die Gewissheit, mit der wir davon ausgehen, dass ein in drei Wochen mit Uhrzeit und Ort verabredeter Termin stattfindet, ohne dass wir Tage im Voraus in immer kürzer werdenden Abständen nachfragen, ist eine deutsche Besonderheit. Unrealistisch ist es z. B., bei Geschäftsreisen in den Mittleren Osten schon Wochen im Voraus eine genaue Liste der Meetings und Besprechungen mit Uhrzeit und Ort zu erwarten. Selbst wenn man sie bekommt, ist es nicht sicher, dass nicht in letzter Minute ein Minister zu Vertretern der königlichen Familie gerufen wird oder andere Ereignisse von höherrangiger Beutung eintreten.

In derartigen Situationen sind Hotellobbys dann Orte, an denen man sich aufhalten und mit Sicherheit jemanden treffen kann, mit dem man ohnehin längst einmal reden wollte.

Wichtig ist es auch, unterscheiden zu können, wann es sich wirklich lohnt, auf bestehenden Rechten und Plänen zu beharren.

Bei einer China-Reise hatte eine Delegation eine Fahrt mit dem Zug von Peking nach Lhasa gebucht. In China gibt es zwei unterschiedliche Zugklassen, eine »harte« und eine »weiche« Klasse (vergleichbar unserer 2. und 1. Klasse). Die Delegation hatte die »weiche« Klasse gebucht, da es eine lange Reise war.

Am Zug angekommen, wurde die Gruppe gebeten, von der »weichen« Klasse in die »harte« zu wechseln – zunächst ohne Angabe von Gründen. Es stellte sich heraus, dass Funktionäre der KP kurzfristig den Zug nutzen wollten. Eine deutsche Kollegin bestand auf ihrem »weichen« Abteil, da sie lange im Voraus gebucht hatte. Es war interessant, wie lange es dauerte, bis die Idee der Vorbuchung und der Bestimmbarkeit solcher Situationen aufgeweicht war und sie sich mit der »harten« Klasse begnügte.

In unsicheren Umgebungen ist es also nützlich, Planänderungen gegenüber jederzeit offen zu sein. Es lohnt sich nicht und ist auch oft aussichtslos, an einmal gemachten Plänen festzuhalten. Stattdessen erlaubt die Fähigkeit, auf einen »Improvisationsmodus« umzuschalten, unvorhergesehene Situationen zu meistern.

4.5 Kommunikation

4.5.1 Diffuser und spezifischer Kommunikationsmodus

Unterschiedliche Interaktionsmuster und Kommunikationsstile sind eine besondere Herausforderung für die interkulturelle Zusammenarbeit. Das Verhältnis zwischen den öffentlichen und den privaten Teilen der Persönlichkeit ist dabei von entscheidender Bedeutung, vor allem deshalb, weil das unbeabsichtigte Eindringen in einen persönlichen Bereich als rüde und unangemessen empfunden wird. Welche Aspekte der Persönlichkeit als privat angesehen werden und inwieweit anderen Personen Zugang zu diesen Aspekten gewährt wird, ist vom jeweiligen kulturellen Umfeld bestimmt.

Die Unterscheidung zwischen *diffusen* und *spezifischen* Kulturen bezeichnet die Art und Weise, wie sich Menschen in öffentlichen Räumen bewegen und wie das Verhältnis zwischen privaten und öffentlichen Aspekten der eigenen Person gehandhabt wird. Klassische Fehlinterpretationen auf beiden Seiten gibt es aus deutscher Perspektive vor allem mit zwei Kulturen: der nordamerikanischen und der französischen.

4.5.1.1 Oberflächlichkeit: Deutsch-amerikanische Missverständnisse

Die nordamerikanische Art der Kontaktaufnahme wird von Deutschen regelmäßig als zu oberflächlich erlebt: »Er meinte das doch gar nicht ernst, als er fragte: ›How are you?‹ Ich antworte nur auf ernst gemeinte Fragen!« Hier kommt das bereits beschriebene deutsche »Authentizismusdogma« wieder zum Vorschein.

Welche Aspekte einer Person öffentlich und welche »privat« sind, also nicht mit vielen, sondern nur mit einem sehr engen Kreis von Personen geteilt werden, hat Auswirkungen auf die Beziehungen und die Kommunikation. Hier liegt einer der zentralen Unterschiede zwischen Deutschen und Amerikanern. Die Konfiguration des öffentlichen und des privaten Raums unterscheidet sich zwischen diesen Kulturen sehr stark. In interkulturellen Coachings wird von Deutschen häufig beklagt, dass die Amerikaner oberflächlich seien. Sie sind mit der Qualität der Beziehungen unzufrieden und erleben sie als »unecht«.

Dies hat mit der unterschiedlichen Bedeutung von Freundschaft und der Konfiguration des öffentlichen Selbst (was gilt als privat und was als öffentlich?) zu tun. Der Klassiker unter den Missverständnissen ist die von amerikanischen Geschäftsfreunden ausgesprochene Einladung: »Drop in, when you are around!«, die von Deutschen zu wörtlich genommen wird. In der deutschen Kultur entspricht, wie bereits beschrieben (vgl. die Einleitung zu diesem Kapitel), das Gesagte auch zum Großteil dem, was tatsächlich kommuniziert werden soll.

Nimmt man eine Gelegenheit nun wahr und besucht den Geschäftsfreund unangemeldet, wird man irritiert begrüßt und muss feststellen, dass der vermeintliche Gastgeber sich nicht einmal mehr an den Namen erinnert. Die Einladung war nicht wirklich wörtlich gemeint. Die eigentliche Aussage war, dass man sich nach den guten Gesprächen sogar vorstellen könnte, sich einmal gegenseitig zu besuchen.

Der aus Wien stammende Sozialpsychologe Kurt Lewin (1935) hat nach seiner Emigration in die USA das A-Modell (»american type«) und das G-Modell (»german type«) entwickelt, besser bekannt als Kokosnuss- und Pfirsichmodell.

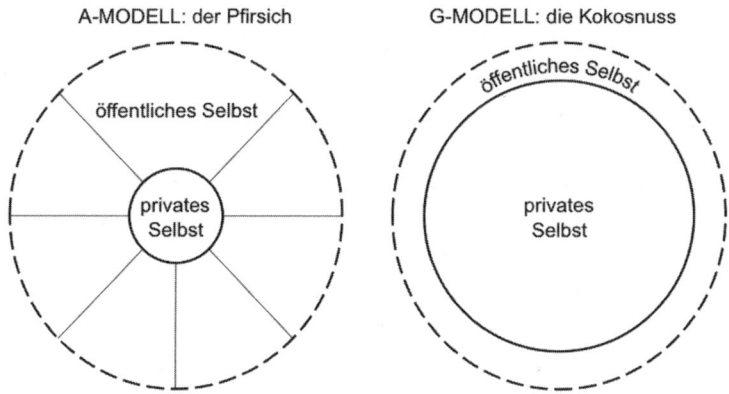

Abb. 5: Beziehungs- und Kommunikationsmodelle in den USA und Deutschland (nach Lewin)

Auf Deutsche trifft das Kokosnussmodell zu. Der öffentliche Teil der Person ist sehr begrenzt. Der öffentliche Raum ist unspezifisch, nicht nach Rollen, Funktionen oder Kontexten unterteilt. Zwischen öffentlichem und privatem Teil gibt es eine klare, dicke Trennlinie. Fremden wird nur in sehr geringem Ausmaß Zugang zu »tieferen« oder privateren Schichten gewährt. Wenn eine Person einmal Zutritt zu diesem privaten Raum erhält, dann entwickelt sich meistens eine sehr enge Beziehung. Der Zugang zu diesem privaten Raum ist für »wahre« Freunde reserviert. Wurde er einmal ermöglicht, so haben diese Freunde Anteil an fast allen Lebensbereichen. Es wird über Familie, Kinder, Geldfragen, Sorgen und Nöte gesprochen.

In traditionellen Unternehmen und konservativeren Kreisen in Deutschland wurde diese Linie durch den Übergang vom »Sie« zum »Du« markiert. Auch wenn diese Unterscheidung inzwischen aufgeweicht ist, waren die ersten Kontakte zwischen deutschen Mitarbeitern und amerikanischen Vorgesetzten in der deutschen Autoindustrie deshalb extrem schwierig.

> Ein Mitarbeiter drückte dies so aus: »Seit 20 Jahren habe ich noch nie jemanden bei der Arbeit geduzt – und nun soll ich meinen Chef ›Bob‹ nennen?«

Das A-Modell, der Pfirsich, das amerikanische Beziehungsmodell, zeigt, dass der Kern der Privatheit in den USA sehr klein ist. Manchmal so klein, dass die Person selbst keinen Zugang dazu hat. Der öffentliche Raum ist weit und breit, aber spezifisch. Ein Direktor oder Abteilungsleiter ist und bleibt in Deutschland Abteilungsleiter, sei es auf dem Arbeitsplatz, beim Sport oder in einer Nachbarschaftsvertretung. In Amerika sind öffentliche Anteile der Person kontextbezogen, eben spezifisch. Es gibt quasi unterschiedliche öffentliche Personen – beispielsweise im Sportklub oder im Kindergarten, in dem die Person Elternvertreter ist, und in verschiedenen anderen Kontexten. Die Rollen in den unterschiedlichen Kontexten überschneiden sich nicht. Der Abteilungsleiter ist am Arbeitsplatz der Abteilungsleiter. Im Sportverein ist derselbe Abteilungsleiter ein normaler Sportsfreund.

Die Enttäuschung vieler Deutscher im Umgang mit Amerikanern und die Irritation der Amerikaner ergeben sich, wenn sich die Kreise überlappen. Themen, die in Deutschland für enge Freundschaftsbeziehungen reserviert sind, gehören für Amerikaner noch zu den öffentlichen Aspekten des Selbst. Wenn also über Geld, Familie oder

ähnliche Themen gesprochen wird, gilt das für Deutsche als ein Beleg
für eine enge, vielleicht schon freundschaftliche Beziehung.

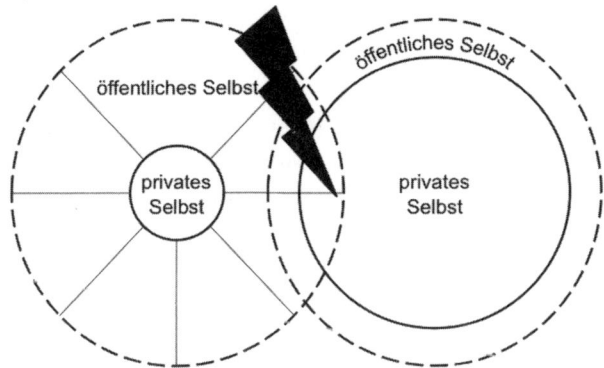

*Abb. 6: Mögliche Missverständnisse entstehen, wenn öffentliche Aspekte
als private Aspekte missdeutet werden*

Der Umgang mit unterschiedlichen kommunikativen Regeln fordert
große Aufmerksamkeit. Dabei muss bei amerikanischen Kollegen
darauf geachtet werden, dass die Verwendung des dem deutschen
»Du« so nahen »You« nicht von vornherein eine freundschaftliche
Beziehung begründet. Das Gleiche gilt für die fast standardmäßige
Verwendung der Vornamen in englischsprachigen internationalen
Kontexten.[6]

Die Enttäuschung resultiert dann daraus, dass sich diese Qualität
der Beziehung nicht in andere Kontexte hineintragen lässt. Es mag
also durchaus sein, dass sich zwischen einem Deutschen und einem
Amerikaner ein gutes Verhältnis beim gemeinsamen Squashspielen
entwickelt. Doch am Arbeitsplatz ist von dieser Beziehung nichts mehr
zu spüren. Die fehlende Übertragung auf andere Kontexte wird von
Deutschen als Oberflächlichkeit wahrgenommen.

Welche Aspekte bilden nun den Kern des Privaten in der amerikanischen Kultur? Der Unterschied lässt sich anhand zweier Fragen
illustrieren. In Deutschland wird im Gespräch ein Wechsel von der
öffentlichen auf die private Ebene häufig durch die Frage, ob es er-

---

6 Beispiel einer gelungenen Rezeption dieser kulturellen Eigenart ist die oben beschriebene Wahl englischer Vornamen durch international erfahrene Asiaten.

laubt sei, eine »persönliche« Frage zu stellen, markiert. In Amerika würde dieser Übergang erst durch die Frage eingeleitet, ob es möglich sei, eine »private question« zu stellen. Eine »personal question« schließt dagegen durchaus noch Aspekte des öffentlichen Selbsts ein. Was im Deutschen dasselbe ist, wird im amerikanischen deutlich unterschieden.

Wenn nun in der deutschen Kultur Familie, Kinder oder Geldfragen den Kern des Privaten bilden, was findet sich dann im privaten Kern der amerikanischen Kultur? – Im privaten Kern finden sich Aspekte wie persönliche Ängste, Wünsche und Hoffnungen (die den Amerikanern manchmal selbst nicht bewusst sind).

Im Umgang mit Nordamerikanern sollte deshalb darauf geachtet werden, dass die unterschiedlichen Kontexte nicht vermischt werden. Dabei sollte man im Hinterkopf behalten, dass die Grenze, an der das Private beginnt, in der amerikanischen Kultur ganz anders gezogen wird. Sie verläuft auf einer viel »tieferen« Ebene als in Deutschland und wird unter Umständen nicht einmal in sehr engen Freundschaften zwischen Amerikanern überschritten.

Während Amerikaner aufgrund der beschriebenen Unterschiede manchmal fälschlicherweise als oberflächlich wahrgenommen werden, bekommen Deutsche wiederum im Umgang mit Franzosen das Gefühl, von oben herab behandelt zu werden.

4.5.1.2 Die Citoyens und die Barbaren

Das Verhältnis zwischen öffentlichen und privaten Aspekten der Persönlichkeit spielt auch im Umgang mit Franzosen eine entscheidende Rolle. Die wahrgenommene und oft beklagte Arroganz der Franzosen hat ihre Ursache in der Rolle, die eine bestimmte vorbereitende, gebildete Kommunikation im Vorfeld anderer Konversationen spielt. Bevor über geschäftliche Inhalte oder gar Privates gesprochen wird, unterhält man sich in Frankreich auf der Ebene des »Citoyen« (siehe C-Modell in Abb. 7). Auf dieser kommunikativen Ebene wird demonstriert, dass die Gesprächsteilnehmer kultivierte Bürger sind. Es werden Themen des Kulturlebens und der Gesellschaft aufgegriffen. Durch die Beherrschung dieses Stils versichern sich die Gesprächspartner gegenseitig ihrer Fähigkeit, am gesellschaftlichen Leben teilzunehmen und die notwendige Form zu wahren, um sich auf öffentlichem Parkett zu bewegen.

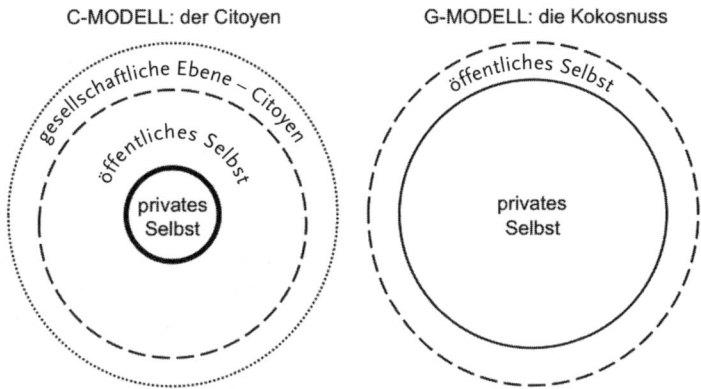

C-MODELL: der Citoyen   G-MODELL: die Kokosnuss

Abb. 7: Konfiguration des Öffentlichen und des Privaten in Frankreich und in Deutschland

Möglicherweise geht dies auf die von Norbert Elias (1998) beschriebenen historischen Veränderungen im politischen Frankreich der Aufklärung zurück. Das öffentliche Leben konzentrierte sich damals auf das politische und kulturelle Zentrum – den Hof des französischen Königs. In diesem Rahmen war es aus strategischen Gründen notwendig, die eigenen Gefühle unter allen Umständen zu beherrschen. Kommunikative Eleganz und kulturelles Wissen waren im Wettbewerb um die Aufmerksamkeit der Entscheidungs- und Machtelite existenziell. Der Beherrschung des (äußerst) kultivierten Dialogs kam und kommt auch heute eine entscheidende Bedeutung zu.

Im Gegensatz zur deutschen können in der französischen Kultur also drei kommunikative Ebenen unterschieden werden. Neben die privaten und öffentlichen Aspekte einer Person tritt eine Ebene des gebildeten »Citoyen«, also die soziale oder gesellschaftliche Ebene. Diese kommunikative Ebene existiert in Deutschland nicht. In der deutschen Kultur gibt es – vereinfacht gesagt – zwei unterschiedliche kommunikative Modi: Entweder es wird direkt und ohne Umwege über die inhaltlichen Themen gesprochen, oder es werden – in eher informellem Kontext – private Informationen geteilt.

Die kunstfertige soziale Konversation im Stil des französischen Citoyen ist in Deutschland nicht sehr verbreitet. Hier herrscht das bereits erwähnte Authentizitätsdogma vor: Man sagt, was man denkt, ganz ohne einleitende Kommunikation auf der sozialen Ebene. »Konversation« wird als zu vernachlässigender Umweg angesehen.

In der französischen Kultur wird jedoch jedem Kontakt ein Gespräch zwischen Citoyens vorangestellt. Wird diese Rangfolge nicht eingehalten, demonstriert die betreffende Partei, dass sie diesen Modus nicht beherrscht. Der französischen Logik folgend, führt dies dazu, dass der Gesprächspartner als ungebildet oder gar »barbarisch« erlebt wird. Dieses Modell gilt insbesondere für die Kommunikation in der französischen Wirtschaft, in der es einen entsprechenden klaren Code dafür gibt, wie Geschäfte besprochen werden. Wird dieser Code nicht eingehalten, stellt sich auf französischer Seite schnell ein Gefühl der kulturellen Überlegenheit ein. Was durchaus zu Recht als Arroganz gelesen werden kann. Will man dies verhindern, sollte im Kontakt mit französischen Geschäftspartnern dem einleitenden Teil des Gesprächs genügend Raum gegeben werden. Hier geht es darum, sich gegenseitig des sozialen Status zu versichern. Anschließend kann über die geschäftlichen Themen gesprochen werden.

Eine weitere Hürde in der deutsch-französischen Kommunikation ist die Grenze zwischen dem privaten und dem öffentlichen Selbst. Sie ist in Frankreich sehr viel rigider als in Deutschland. Es ist eher unüblich, dass diese Grenze in einem öffentlichen Raum überschritten wird.

Bei einer Kick-off-Veranstaltung eines deutsch-französischen IT-Projekts am Bodensee stellten sich die Teilnehmer einander anhand von Steckbriefen vor. Nach der Vorstellung einer französischen Mitarbeiterin, die berichtete, dass sie ihre freie Zeit gerne mit ihren zwei kleinen Kindern verbringe, fragte eine deutsche Kollegin: »Oh, you have kids! Where are they now? [= Who is taking care of them?]« Ein irritiertes und gleichsam pikiertes Gesicht war die Reaktion. Eine solch intime Frage ist in einer öffentlichen Vorstellungsrunde in Frankreich undenkbar.[7]

Wie schon oben dargestellt, geht man in *spezifischen* Kulturen direkt, themenorientiert und zweckgebunden mit Beziehungen um. Im Gegensatz zu den dort eher klar definierten Rollen sind die Beziehungen in *diffusen* Kulturen indirekt, weitschweifig und scheinbar ziellos. Die unterschiedlichen Beziehungsgestaltungen schlagen sich auch im Gesprächsverhalten selbst nieder. So spielt die kommunikative Ebene

---

7 Das dahinter stehende Problem ist augenscheinlich auch die Sorge um die Kinderbetreuung vieler deutscher Frauen, die man in Frankreich nicht kennt.

des Citoyen eine hervorgehobene Rolle, unabhängig davon, in welcher Beziehung die Gesprächspartner zueinander stehen. Kommunikation auf dieser Ebene ist also in ihrer Form unabhängig von der Aufgabe, die zu bewältigen ist.

4.5.2 Zwischen den Zeilen lesen

4.5.2.1 Kontextbezogenheit in der Kommunikation

Warum warten wir häufig vergeblich auf eine Antwort auf unsere nach Italien versandten E-Mails? Warum erscheinen Deutsche so unfreundlich, wenn sie E-Mails auf Englisch verfassen?

Einen wichtigen Unterschied in der interkulturellen Kommunikation hat der Kulturforscher Edward Hall (1976) beschrieben. Dieser Unterschied betrifft das Ausmaß, in dem Informationen aus dem »Umfeld« der Kommunikation, nämlich die Mimik, der Tonfall, die Körpersprache, als wichtig erachtet und in ein Gespräch miteinbezogen werden. In dieser Hinsicht lassen sich »High-context«- und »Low-context«-Kulturen gut unterscheiden.

In Kulturen mit niedriger Kontextbezogenheit, also in Low-context-Kulturen wie in Deutschland oder den Niederlanden, wird auf den Inhalt der Kommunikation fokussiert, auf die *facts and figures.* Der nonverbale Teil der Kommunikation wird als Informationsquelle weitgehend ausgeblendet. Kulturen mit hoher Kontextbezogenheit räumen diesen Aspekten jedoch einen besonderen Informationsgehalt ein. Körpersprache, die Situation, das Timing und das gesamte Umfeld werden als Bedeutungsträger mit berücksichtigt. Sie unterstreichen und illustrieren das gesprochene Wort.

Wie bereits beschrieben, gibt es in Deutschland oft eine starke Abneigung gegenüber »Small Talk«. Dabei wird oft übersehen, dass »Small Talk« eine wichtige Form der Informationsgewinnung darstellt, die unter anderem dazu dient, den gesellschaftlichen oder sozialen Status der Gesprächspartner und ihre Beziehung zu klären. In Indien ist »Small Talk« deshalb oft »Big Talk«. Beiläufige Fragen, ob man First Class oder Economy-Class geflogen ist, welche Fluglinie man benutzt hat oder in welchem Hotel man abgestiegen ist, spielen eine wichtige Rolle dafür, Einfluss und Status des Gegenübers einschätzen zu können. Während »Small Talk« aus deutscher Sicht häufig unnötig und ungeordnet erscheint, folgt er in Wahrheit bestimmten Regeln. Die Kommunikation zwischen Citoyens ist dafür ein gutes Beispiel.

Auch die Gestaltung der Räumlichkeiten spielt in High-context-Kulturen eine wichtige Rolle. Wo, mit wem und unter welchen Umständen Meetings stattfinden, gibt entscheidende Hinweise darauf, welche Bedeutung der jeweilige Termin hat. Findet das Treffen informell in der Kantine oder im Büro des Abteilungsleiters statt? Menschen aus Kulturen mit niedriger Kontextbezogenheit entgehen die subtilen Informationen häufig, obwohl sie für die Mikropolitik und die Festlegung von Status und Verantwortlichkeiten eine wichtige Rolle spielen. Sie können nicht oder nur schlecht »zwischen den Zeilen lesen«.

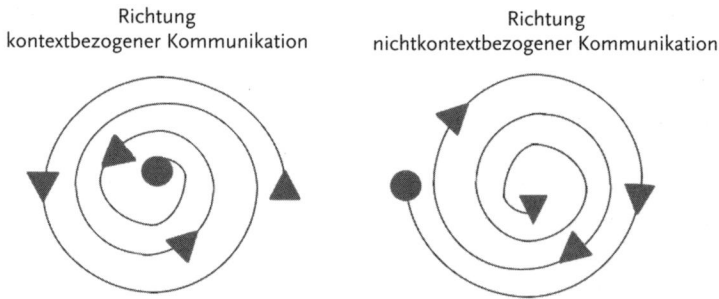

Richtung
kontextbezogener Kommunikation

Richtung
nichtkontextbezogener Kommunikation

Abb. 8: Vom Allgemeinen zum Speziellen und vom Speziellen zum Allgemeinen: Kommunikationswege in kontext- und nichtkontextbezogenen Kulturen

Der Unterschied zwischen diesen Orientierungen kann durch zwei Spiralen veranschaulicht werden. Während man in Kulturen mit niedriger Kontextbezogenheit meist direkt zum Thema kommt, dessen Auswirkungen auf andere Kontexte später exploriert und vielleicht erst nach getaner Arbeit für informellere Gespräche Zeit findet, ist dies in Kulturen mit hoher Kontextbezogenheit genau umgekehrt. Bevor das zentrale Thema eines Treffens besprochen wird, wird der Klärung des Kontexts und der Befindlichkeiten viel Raum gegeben.

Mitarbeitern aus High-context-Kulturen fällt der Einstieg in eine inhaltliche Arbeit ohne irgendeine Form des vorherigen Kennenlernens bzw. ohne Grundinformationen über das Gegenüber sehr schwer, wie auch aus vielen Gesprächen in oder am Rande von Workshops hervorgeht.

Während sich also die Kommunikation in Kulturen mit niedriger Kontextbezogenheit vom Hauptthema selbst zu anderen Themen hin entwickelt, müssen diese Themen in Kulturen mit hoher Kontextbezogenheit zuerst geklärt werden, bevor man sich dem eigentlichen Gesprächsanlass zuwendet. Die Bewegungsrichtung verläuft also im einen Fall vom Spezifischen zu allgemeineren oder breiteren Themen und im anderen Fall genau umgekehrt.

4.5.2.2 Wie viel Information muss kommuniziert werden?

Dies lässt sich auch auf der Ebene der Gesprächsbeiträge beobachten: Gesprächsbeiträge in High-context-Kulturen sind – für sich betrachtet – häufig recht vage und ungenau. Sie gewinnen ihre Bedeutung aus dem Kontext, in dem sie formuliert werden. Das beinhaltet auch, dass in Kulturen mit hoher Kontextbezogenheit davon ausgegangen wird, dass die unausgesprochenen Informationen, die zum Verstehen eines Gesprächsbeitrags notwendig sind, allgemein bekannt sind.

Klassische Beispiele für High-context-Kulturen sind ein eingespieltes Arbeitsteam oder ein langjähriger Freundeskreis. In diesen Gruppen ist es möglich, in Anspielungen und Verweisen zu kommunizieren, da alle – oder zumindest die meisten – Gruppenmitglieder einen ähnlichen Informationsstand haben.

Demgegenüber wird in Situationen, in denen die Annahme einer gemeinsamen Informationsbasis nicht gegeben ist (Low-context-Kulturen), viel stärker darauf geachtet, präzise und unmissverständlich zu formulieren. Sachverhalte werden direkt und ohne Umschweife angesprochen. Es wird erwartet, dass jeder Gesprächsbeitrag alle Informationen enthält, die zu seinem Verständnis notwendig sind. Das Gesagte muss aus sich selbst heraus verständlich sein.

4.5.2.3 Den Kontext nutzen

Deshalb ist ein Kommunikationsstil dieser Art in Kulturen typisch, in denen Rollen und Beziehungen klar strukturiert und spezifisch sind. In solchen spezifischen Kulturen oder Kontexten ist die Kontextklärung weniger stark ausgeprägt. Stattdessen ist die Orientierung auf die Sache wichtiger: Das Thema steht im Mittelpunkt und wird als entscheidende Determinante des Gesprächs verstanden. Beziehungsfragen werden hintangestellt oder gar nicht thematisiert.

Sind die Beziehungen jedoch diffus, ist die Orientierung stärker auf ihre Klärung und Pflege gerichtet. Im Gespräch muss deshalb der Kontext, in dem es stattfindet, häufiger geklärt werden.

Im Hinblick auf nationale Kulturen ist eine hohe Kontextbezogenheit typisch für die Vereinigten Staaten von Amerika, Frankreich, viele asiatische Länder und Lateinamerika. In Deutschland befindet man sich in der Regel am extremen anderen Ende des Kontinuums. Insbesondere die deutsche Ingenieurskultur ist stark sachorientiert. Da eine Aufgabe oder das technische Problem im Mittelpunkt steht, wird auch sehr geradlinig auf die Lösung hingearbeitet.

Die Kehrseite einer zu starken Kontextbezogenheit kann die extrem lange Dauer bei Entscheidungsfindungs- und Problemlösungsprozessen sein. Dieser Umstand kann sich in Situationen mit hohem Zeitdruck negativ auswirken. Das erleben wir häufig in den Startphasen komplexer Projekte. Sind viele interne und externe Akteure in einem Projekt beteiligt, muss der Aufgaben-, Rollen- und Kontextklärung natürlich besonders viel Raum gegeben werden (vgl. 5.3.5). Manchmal tritt dabei die sachliche Fragestellung hinter die Klärung von Statusfragen zurück, und das Projekt kommt nur sehr schleppend in Gang.

Für Personen, die eher sachorientiert und es gewohnt sind, den Umfeldinformationen nur wenig Aufmerksamkeit zu schenken, ist es wichtig, diesen Kommunikationsaspekten einen höheren Stellenwert einzuräumen und offener zu begegnen. Sie müssen verstehen, dass das (erste) Kennenlernen vor der sachbezogenen Arbeit ein fundamentales Bedürfnis von Mitarbeitern aus High-context-Kulturen ist, für die z. B. der »Small Talk« die Basis für den Aufbau einer Beziehung ist, die effektives Arbeiten erst möglich macht.

Dieser Stellenwert kontextbezogener Gespräche darf nicht unterschätzt werden. Deutsche sind häufig davon irritiert, dass ihre Kollegen aus High-context-Kulturen nicht zur Sache kommen. Sie reagieren dann damit, noch stärker auf das entscheidende Thema hinzudrängen, und übergehen andere Gesprächselemente – in der falschen Annahme, dass die Erledigung der Aufgabe dadurch beschleunigt werden kann. Dieses Verhalten verunsichert stark kontextbezogene Menschen jedoch und führt genau zum Gegenteil: Das entscheidende Thema wird dann erst sehr spät, nämlich dann, wenn die Bedürfnisse nach Kontextklärung erfüllt sind, bearbeitet. Schlimmstenfalls kommt es jedoch gar nicht mehr dazu, weil das zu direkte Vorgehen als rüde empfunden und das Gespräch immer unkooperativer wird.

Deutschen fällt die vermeintlich fachfremde und unproduktive Form der Interaktion oft schwer, und für viele ist der Begriff des »Small Talks« eher ein Schimpfwort als die Bezeichnung eines wichtigen Kommunikationsmodus. Da Deutschland eines der Länder ist, in denen Kulturen sehr sachorientiert sind, sind Trainingsprogramme, in denen der »Big Talk« und die Beziehungspflege geübt werden, gerade hier von unschätzbarem Wert.

4.5.3 Direkter und indirekter Kommunikationsstil

4.5.3.1 Yes, but ...

Vor einem britischen Publikum eine Präsentation durchzuführen, ist wunderbar: Am Ende wird man nur gelobt! Die Briten könnten den indirekten Sprachstil erfunden haben. In der Diskussion einer Präsentation oder eines Vortrags werden zunächst lobende Worte gefunden: »I very much appreciated your presentation ...« Und dann wird unter Umständen eine harsche Kritik hinter dem »... but« platziert. Deutsche Vortragende hören gewöhnlich nur den ersten Teil der Aussage und sind sehr zufrieden mit ihrer Performance. Ihnen entgeht die indirekt geäußerte Kritik.

Wir unterscheiden zwischen *direktem* und *indirektem* Kommunikationsstil. Dabei geht es nicht um die Zeitspanne, innerhalb derer bestimmte Themen angesprochen werden, wie es zum Beispiel die Unterscheidung zwischen High- und Low-context-Kulturen nahelegt. Der zentrale Unterschied, der auch für die Kooperation in Teams am wichtigsten ist, besteht zwischen direkten und indirekten Kulturen vielmehr im unterschiedlich ausgeformten Umgang mit Dissens, Kritik und Konflikt. In vielen Kulturen ist es üblich, Ablehnung oder abweichende Meinungen zurückhaltend zu kommunizieren. Menschen, die einen solchen indirekten kulturellen Hintergrund haben, reagieren sehr sensibel auf offen und unverblümt ausgesprochene Anweisungen, Uneinigkeiten und Kritik.

Wir wurden gebeten, in einem interkulturellen Konflikt zwischen der englischen Einheit eines in Deutschland ansässigen Konzerns und seiner Zentrale zu vermitteln. Schon bei der Auftragsklärung äußerten die Verantwortlichen, dass dringend ein interkulturelles Training vonnöten sei. Was war geschehen?

Es handelt sich um ein Unternehmen der Automobilzuliefererindustrie, in dem die meisten Mitarbeiter männliche Ingenieure sind. Die interkulturelle Kommunikation verlief nicht gut. Die englische Seite warf der deutschen Seite vor, extrem unhöflich und autoritär zu handeln und in ihrem Vorgehen keine Rücksicht auf die englischen Gegebenheiten zu nehmen. Die Deutschen warfen ihrerseits den Engländern vor, nicht die korrekten Zahlen weiterzugeben, zu mauern und unter dem Strich keine Ergebnisse zu liefern. Die Eskalation der Situation war weit fortgeschritten. Um einen Zugang zu bekommen, ließen wir uns unter anderem die E-Mail-Konversationen zeigen. Es stellte sich heraus, dass die Deutschen in ihren E-Mails wörtlich ins Englische übersetzt hatten, und die Kommunikationskultur deutscher Ingenieure ist nun einmal sehr direkt, eben eine typische Low-context-Kultur. Sätze wie »Deliver until tomorrow the following figures ...« sind im deutschen Kontext normal. Es werden klare Aussagen gemacht, die ohne rhetorische Schnörkel auskommen. Für ein englisches,»indirektes« Ohr klingt dies natürlich wie eine Kampfansage.[8] Die englischen Kollegen reagierten entsprechend, sie waren nicht kooperativ, fühlten sich bedroht und nicht ernst genommen.

Wir luden die deutschen und englischen Führungskräfte zu einem Workshop ein. Nach einer intensiven und humorvollen Vorstellungsrunde (viele der Kollegen kannten sich nicht persönlich – trotz schon lange bestehender Kontakte) wurden drei Dimensionen aus dem Metamodell vorgestellt und erklärt: *high and low context, direkte und indirekte Kommunikation,* sowie die Unterscheidung zwischen *formellen und informellen Kulturen* (vgl. 4.6). Nach diesen Erläuterungen baten wir die Teilnehmer, sich jeweils mit einem Kollegen aus der eigenen Kultur zusammenzusetzen und zunächst selbst auf dieser Skala einzustufen (*self awareness*; vgl. 2.3.2 und 5.1). Anschließend sollten sie einschätzen, wie die andere Gruppe sie einordnen würde (vermutetes Fremdbild).

Deutliche Unterschiede waren vor allem bei der Dimension *direkt/indirekt* zu finden. Nun ließen wir die Gruppe in kulturell gemischten Kleingruppen *style switching* (vgl. 5.1) üben. Es wurde ein kleines Rollenspiel vorgegeben, bei dem die englischen Kollegen *direkt* antworten und agieren sollten und

---

8 Der harte deutsche Akzent, gepaart mit der täglichen Ausstrahlung immer neuer Nazi-Filme tut sein Übriges, um diese Assoziationen wachzuhalten.

die deutschen Kollegen *indirekt*. Der Spaß hätte nicht größer sein können. Es war nicht nur das Eis gebrochen, sondern man hatte für den weiteren Verlauf des Change-Projekts eine Metasprache gefunden, mit der über die sprachlichen und kommunikativen Schwierigkeiten gesprochen werden konnte. Die Deutschen fingen in Diskussionen schließlich an zu fragen: »What comes after the ›but‹?«, und die Engländer verstanden, dass die deutschen Kollegen auch in Einwortsätzen und in völliger Abwesenheit von »bitte«, »danke« und Konjunktiven freundlich sein können.

4.5.3.2 Unerhörte Kritik

Die Unterschiede zwischen direkten und indirekten Kulturen offenbaren sich unter anderem darin, wie Kritik geäußert und verstanden wird. Auch in diesem Punkt gibt es deutliche Unterschiede zwischen der deutschen und der amerikanischen Kultur. Bei der Teilnahme an deutsch-amerikanischen Meetings und Präsentationen fällt immer wieder auf, dass Kritik, die von Amerikanern geäußert wird, von den Deutschen teilweise nicht (richtig) wahrgenommen wird.

In Deutschland wird vor allem inhaltliche Kritik sehr direkt ausgesprochen. Demgegenüber beginnt die von einem Amerikaner geäußerte Kritik fast immer mit einem Lob. Die klassische Konstruktion schließt dann die Kritikpunkte mit einem »Aber ...« an dieses Lob an. Prinzipiell herrscht auch in Amerika eine relativ direkte Kultur, doch an der Art und Weise, wie Kritik geäußert wird, zeigen sich dennoch Unterschiede. Sie haben letztendlich Einfluss darauf, wie Kritik verstanden wird. An ohne Umschweife geäußerte Einwände gewohnt, sind Deutsche vor allem zu Beginn einer Erwiderung aufmerksam. Nach dem durch den amerikanischen Kollegen geäußerten Lob, das generell am Anfang steht, sinkt die Aufmerksamkeit, und wichtige Kritikpunkte werden überhört, oder es entgeht den Deutschen überhaupt, dass Kritik geäußert wird. Umgekehrt sind die Deutschen oft extrem direkt (sie »fallen mit der Tür ins Haus«), was nicht selten dazu führt, dass amerikanische Gesprächs- und Geschäftspartner verletzt reagieren.

Ähnlich verhält es sich mit der Kommunikation von Zustimmung und Ablehnung: In Ländern mit einer ausgeprägten indirekten Kultur wird Ablehnung sehr diplomatisch und verklausuliert kommuniziert. Dies lässt sich in verschiedenen Arbeitszusammenhängen mit Asiaten gezielt beobachten. Selten wird dort ein klares Nein geäußert. Denn ein Nein bedeutet für die Person, deren Wunsch oder Bitte abgelehnt wurde, einen Gesichtsverlust. Da der gegenseitigen Gesichtswahrung aber eine wichtige Bedeutung zukommt, wird die Abweisung einer Bitte indirekt formuliert. Im Gegensatz dazu kann eine abschlägige Antwort in Deutschland recht offen kommuniziert werden. Fast nirgendwo sonst bekommt man ein klareres Nein auf eine Bitte oder Frage – ohne Rücksicht auf die Umstände oder auf die Gefühle des anderen (vgl. Kap. 4).

Ein Ja bedeutet in Deutschland Zustimmung, ein Nein dagegen die eindeutige Ablehnung. Wie bereits beschrieben, ist es für deutsch-asiatische Kooperationen wichtig, eine Metaebene zu finden, auf der unterschiedliche Kommunikationsformen von Ablehnung und Dissens erklärt werden können. In einem deutsch-chinesisch-taiwanesischen Joint Venture in Fuzhou ist das folgendermaßen gelungen:

Kick-off zu erwarteten Missverständnissen

Wir wurden von Beginn an für die begleitende Beratung sowie die Organisation und Moderation der ersten Meetings herangezogen. Schon während der Vorbereitung des Projekts vermuteten wir, dass sich in der Kommunikation kulturelle Unterschiede abzeichnen würden, die die Zusammenarbeit erschweren könnten. Dabei spielte in unseren Augen nicht nur der Unterschied zwischen den deutschen und den asiatischen Mitarbeitern des Kernteams eine Rolle. Auch zwischen Mitarbeitern vom chinesischen Festland und aus Taiwan konnten kulturelle Unterschiede ins Gewicht fallen. Das Verhältnis zwischen diesen Gruppen gleicht dem von Ostdeutschen (chinesisches Festland) und »Besserwessis« (Taiwan) nach der Wende und zu Beginn der 90er-Jahre im wiedervereinigten Deutschland.

Als entscheidende Leitdifferenz vermuteten wir den unterschiedlichen Umgang mit *Ja* und *Nein* in Deutschland und China bzw. Taiwan. Wir nahmen an, dass sich diese Unterschiede in der Kommunikationskultur negativ auf das Projekt auswirken könnten, wenn nicht frühzeitig ein bewusster Umgang mit diesem Unterschied entwickelt würde. Zu diesem Zweck führten wir in einem Workshop zunächst die Kommunikationsdimensionen *direkt/indirekt* und *high and low context* ein. Gleich zu Beginn wurde dann ein Perspektivenwechsel geübt. Sowohl die Deutschen als auch die Chinesen und Taiwanesen wurden gebeten einzuschätzen, wie ihr eigener Kommunikationsstil von der anderen Gruppe wahrgenommen wird. Diese Technik dient dazu, dass sich die Teilnehmer in die jeweils anderen hineinversetzen und überlegen, wie sie von ihnen gesehen werden (vgl. 5.1). Wie zu erwarten war, vermuteten die asiatischen Teammitglieder, dass ihr Kommunikationsstil von den Deutschen als indirekt bezeichnet würde. Übereinstimmend glaubten die Deutschen, dass sie von den Asiaten als eher direkte Gesprächspartner beurteilt würden. Die Teilnehmer hatten sich ihre Selbst- und Fremdeinschätzung eigenständig erarbeitet. Die Zuschreibung unterschiedlicher Kommunikationsstile durch die Workshopleitung hätte vielleicht Widerstand verursacht und wäre unter Umständen als »Expertenurteil« aufgefasst worden.

Auf der so gewonnenen Grundlage wurden dann drei gemischte Gruppen gebildet, die in einem Rollenspiel den Wechsel zwischen unterschiedlichen Kommunikationsstilen üben sollten. In einer kleinen Szene sollten die asiatischen Teammitglieder einen Budgetantrag mit einem klaren, harten Nein ablehnen, während die Deutschen versuchen sollten, ihre Ablehnung indirekt zu äußern. Alle Seiten stellten sich recht unbeholfen an, und das Gelächter in den Arbeitsgruppen war groß.

Durch diese Übung wurde eine Metaebene geschaffen, von der aus Ablehnung besser verstanden werden konnte. Die Teilnehmer waren nun in der Lage, sich über die Art und Weise der Kommunikation zu verständigen und zu erfragen, ob es sich bei einer Aussage um ein *Chinese no* bzw. ein *facekeeping no* handele. Es konnte darüber kommuniziert werden, wie man Ablehnung äußern kann, ohne dass die Anwesenden ihr Gesicht verlieren. Die gemeinsame Erfahrung hatte Referenzpunkte geschaffen, die sowohl das Eis gebrochen als auch eine Ebene für eine erfolgreiche Metakommunikation etabliert hatten.

Ein starkes Machtgefälle in der Beziehung zwischen statushöheren und -niedrigeren Rollen kann Kritik ebenfalls erschweren oder verhindern. Wie bereits im Zusammenhang mit der Dimension *Machtdistanz* beschrieben, konnte in unserem Beispiel der koreanischen Piloten der rangniedrigere Kopilot den ranghöheren Piloten nicht kritisieren, weil dies auch eine Verletzung der Rollenaufteilung und des öffentlichen Gesichts des Piloten bedeutet hätte.

Champagner? ... vielleicht später, danke!

In einer niederländisch-britischen Firma hatten ein niederländischer Mitarbeiter und sein englischer Vorgesetzter ein Gespräch bezüglich der beruflichen Zukunft des Mitarbeiters (vgl. Trompenaars a. Hampden-Turner 1997). Am Ende des Gesprächs schloss der Vorgesetzte mit dem Satz:»You should consider another job.« Der Mitarbeiter verließ das Gespräch gut gelaunt und dachte, er sei befördert worden. Stattdessen war dies eine freundliche Form, dem Niederländer mitzuteilen, dass es im Unternehmen keinen Job mehr für ihn gebe. – Auch in der englischen Kultur ist es üblich, Kritik und Ablehnung gut zu verpacken.

Internationale Stehempfänge sind eine wunderbare Gelegenheit, Menschen mit unterschiedlichen kulturellen Hintergründen dabei zu beobachten, wie sie eine negative Antwort mitteilen. Während Deutsche den angebotenen Sekt häufig mit einem knappen»Nein« ausschlagen, reagieren Menschen mit anderen kulturellen Hintergründen subtiler:»Nein danke, ich wollte erst einen Kaffee ...«, oder:»Vielleicht später, danke schön.« Dies verdeutlicht auch, dass es möglich ist und nicht schwer sein muss, sich auf andere Kommunikationsmuster einzustellen und sich den etwas subtileren Interaktionsregeln anderer Kulturen anzupassen. Nicht überall hat man so ein dickes Fell wie in Deutschland.

4.5.4 Das Leben als Bühne

4.5.4.1 Affektiv vs. neutral
Die Anpassung an unterschiedliche Kommunikationsstile ist besonders dann wichtig, wenn es um die Präsentation von Inhalten oder um Angebote geht. Dabei ist es entscheidend, inwieweit in öffentlichen

und Wirtschaftskontexten Emotionen gezeigt werden. Wir möchten hier zwischen affektiven und neutralen Kulturen unterscheiden (Trompenaars a. Hampden-Turner 1997). Im Kern meint diese Gegenüberstellung die Art, wie Emotionen die Kommunikation beeinflussen. Dies betrifft auch den Umfang, in dem auf der Gefühlsebene gearbeitet wird. So ist es in der amerikanischen und britischen Kultur gängig, die Zuhörer auf der emotionalen Ebene abzuholen. Dagegen ist es im deutschsprachigen Raum eher üblich, nüchtern und neutral über Geschäftliches zu sprechen.

Wer so laut redet, hat etwas zu verbergen
Die Kenntnis dieser Dimension und der bewusste Einsatz entsprechender Kommunikationsstile *(affektiv – neutral)* kann unter Umständen für einen Geschäftsabschluss entscheidend sein.

Uns gelang es mithilfe des richtigen Kommunikationsstils, den Zuschlag für ein Projekt mit einer Schweizer Bank zu erhalten. Unsere direkten Konkurrenten waren zwei Amerikaner. Sie setzten eine sehr lebendige, laute und beeindruckende Präsentation in Szene. Die Dramaturgie war wohldurchdacht und mit vielen Überraschungen versehen.

Wir entschieden uns anschließend dafür, unsere Präsentation eher sachlich-nüchtern zu gestalten und zurückhaltend zu argumentieren. Wir erhielten daraufhin den Zuschlag. Der Vortrag der Amerikaner war großartig, und man kann amerikanische Kollegen überhaupt für ihr außergewöhnliches Präsentationstalent bewundern. Das Problem war aber in diesem Fall, dass diese Form der Präsentation für die Firmenkultur einer Schweizer Bank völlig ungeeignet war. Der Stil korrespondierte nicht mit den Grundwerten der Schweizer Kultur und dem dort üblichen Understatement. Die Verantwortlichen der Bank hatten das Gefühl, die Amerikaner hätten etwas zu verbergen. Die Leichtfüßigkeit und Emotionalität der Präsentation wurde als Zeichen fehlender Qualifikation gewertet.

Was in der einen (hier der amerikanischen) Kultur beim Zuhörer die Wahrscheinlichkeit für eine Kompetenzzuschreibung erhöht, erzielt möglicherweise in der anderen (hier der schweizerischen) genau den gegenteiligen Effekt.

Dabei wird ein psychologischer Mechanismus angesprochen, der die Zuschreibung von Kompetenzen beeinflusst. Kompetenz und Status werden unter anderem anhand der gezeigten Selbstbeherrschung eingeschätzt und zugeschrieben. In Deutschland sind es vor allem Statushöhere, die besonders laut reden und ihre Emotionen offener zeigen können. In Japan wiederum ist das ganz anders. Dort stellt die Beherrschung der Emotionen einen hohen Wert dar, statushöhere Personen verhalten sich leiser und hören vor allem zu. Als »Nichteingeweihter« kann man sich deshalb mehrere Stunden in einem Gespräch befinden und vielleicht fragen, wer der ruhige, ältere Herr ist, der die ganze Zeit in der Ecke sitzt. – Es ist unter Umständen der Generaldirektor!

4.5.3.3 Neutrale und affektive Kulturen

Neutrale Kulturen zeichnen sich im Allgemeinen dadurch aus, dass Emotionen nur selten in der Öffentlichkeit gezeigt werden. Die französische Haltung hierzu haben wir bereits im Abschnitt »Die Citoyens und die Barbaren« (4.5.1.2) dargelegt. Auch Körperkontakt in der Öffentlichkeit ist in einem solchen Umfeld eher unüblich.

Innerhalb von Unternehmen gibt es im Hinblick auf den Ausdruck von Emotionen und das Gewicht, welches auf eine ansprechende und aufregende Darstellung gelegt wird, ebenfalls Unterschiede, nämlich zwischen verschiedenen Abteilungen. Der »traditionelle« kulturelle Bruch verläuft zwischen Forschungsabteilung und Marketingabteilung. Während eine wichtige Aufgabe der Marketingabteilung die Arbeit mit Emotionen ist – mit dem Ziel, die (nicht greifbare) Begeisterung für ein Produkt auszulösen –, ist die Entwicklungsabteilung häufig stark durch Ingenieurskulturen – mit dem Ziel, ein (greifbares) Produkt zu entwickeln – geprägt. Emotionen und reißerischer Darstellung wird hier von Forschern und Entwicklern zum Teil sehr kritisch begegnet.

In affektiven Kulturen ist die Sprechgeschwindigkeit oft höher und dynamischer als in neutralen. Studieren kann man dieses Phänomen z. B. bei der Fernseh-Liveübertragung eines Fußballweltmeisterschaftsspiels. Brasilianische Moderatoren treten zu zweit auf und reden kontinuierlich mit nicht nachlassendem Tempo und gleichbleibender Lautstärke sozusagen um die Wette.

Dagegen ist die finnische Moderation geradezu langweilig: In Finnland ist es üblich, lange Gesprächspausen zu machen. Menschen, die an schnellere Sprachrhythmen gewöhnt sind, tun sich mit diesem Gesprächsverhalten oft schwer. Inzwischen werden speziell für finnische Manager Sprachkurse angeboten, in denen ein schnellerer Sprechrhythmus trainiert wird. Seinen Impulsen nachzugeben und den Gesprächspartner zu unterbrechen ist in Finnland dennoch nicht üblich.

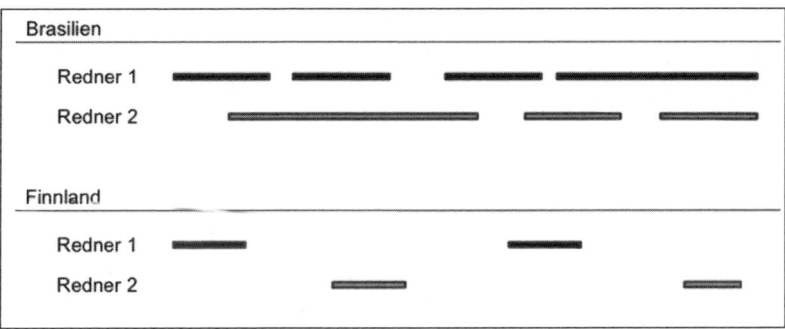

Abb. 9: Rede- und Pausenrhythmus in Brasilien und Finnland im Vergleich

Ähnliches gilt auch für Deutschland: Da das Sinn gebende Verb im deutschen Nebensatz erst am Ende steht, wird es als unfreundlich und unkultiviert empfunden, den Gesprächspartner zu unterbrechen.

Bei einer Verhandlung zwischen Angehörigen verschiedener osteuropäischer Länder, Deutschen und Italienern wurde simultan übersetzt. Ein deutscher Kollege hatte lange Redesequenzen. An einem gewissen Punkt schaute ihn die Übersetzerin flehentlich an und bat: »Gib mir ein Verb!«

In Spanien und Italien ist es weit verbreitet, sobald man den Gedanken einer Aussage verstanden hat, mit einem eigenen Beitrag einzusteigen, ungeachtet dessen, ob der Gesprächspartner bereits ausgesprochen hat oder nicht. Damit wird signalisiert, dass der Gedanke verstanden wurde und dass man nun bereit ist, ihn fortzuführen.

Eine derartige Emotionalität kann für Menschen aus einer Kultur, in der Emotionen so weit wie möglich aus dem geschäftlichen und öffentlichen Leben herausgehalten werden, sehr schwierig sein. Einerseits deshalb, weil die Beherrschung von Emotionen ein wichtiger

Indikator der Selbstkontrolle ist. Andererseits, weil durch die Emotionalität natürlich auch zusätzliche Informationen kommuniziert werden, für die es in kontrollierteren Kontexten keinen Interpretationsrahmen gibt. Emotionale Regungen werden in neutralen Kulturen gewissermaßen tabuisiert und als Unreife gedeutet. Körperkontakt kann als Eindringen in die Privatsphäre missverstanden werden und zu ablehnenden Reaktionen führen. Es ist deshalb *extrem wichtig*, darauf zu achten, wie man Emotionen kommuniziert und dass man das eigene Verhalten am geltenden Kommunikationsstil ausrichtet.

4.6 Kostüm oder Jeans?

4.6.1 Der Umgang mit formellen und informellen Umgebungen

Hilfreich ist auch die Unterscheidung zwischen *formalen* und *informalen* Kulturen. Hier sind ein weiteres Mal neben nationalen Unterschieden auch Unterschiede in den Firmenkulturen beziehungsweise die Kombination der beiden wichtig. In traditionelleren Wirtschaftszweigen, wie z. B. dem Finanzsektor, sind die allgemeinen Umgangsformen formaler als in jüngeren Unternehmen, etwa in der IT- oder der Kreativbranche.

Augenfällig wird dies beim Dresscode. Während es in traditionelleren Unternehmen weiterhin wichtig ist, in Anzug, Kostüm und Krawatte zu erscheinen, wird dies in anderen Bereichen immer unüblicher. Mittlerweile ist es auch gängige Praxis, in Workshops zu einem informelleren Dresscode überzugehen.

In einem internationalen Zusammenhang ist es heute nützlicher denn je, im Vorfeld Absprachen zu treffen, um unangenehme Situationen wie diese zu vermeiden:

> Ein deutscher Entwicklungsleiter stand bei einem Kick-off-Workshop im Sweatshirt der New York Yankees vor seinem internationalen Team. Die übrigen Teilnehmer waren aufgrund der Wichtigkeit des Meetings und der Tatsache, dass es in der deutschen Zentrale stattfand, in Anzug und Krawatte erschienen.

Verfehlte Kleidung hat sicherlich einen Einfluss auf die Zuschreibung von Status und den Respekt, den Interaktionspartner einander entgegenbringen. Auch hier gilt es, Förmlichkeitsunterschieden gegenüber aufmerksam zu sein. Generell ist es zu empfehlen, von einem konservativeren Umfeld auszugehen und das eigene Gesprächsverhalten und die Kleidung entsprechend anzupassen (eine Krawatte lässt sich z. B. schnell abnehmen). Dies ist einfacher, als die eigene Glaubwürdigkeit durch eine unglückliche Garderobe zu verspielen. Bei der Vorbereitung internationaler Veranstaltungen sollte großer Wert darauf gelegt werden, die Teilnehmer ausreichend über den Dresscode und die Rahmenbedingungen zu informieren. Damit kann sichergestellt werden, dass sich jeder in seiner »Komfortzone« wiederfindet und sich niemand bloßgestellt fühlen muss. Bei Workshops und Meetings in Zentralosteuropa ist es angebracht, sich eher konservativ zu kleiden.

4.7 Woher kommt Status? – Zuschreibung und Herkunft

4.7.1 Der amerikanische Traum ist der französische Horror
Nach wie vor ist es der (US-)amerikanische Traum, durch Leistung und Cleverness zu materiellem Erfolg zu gelangen. Menschen wie Barack Obama oder Donald Trump, die sich aus schwierigen Bedingungen ganz nach oben gearbeitet haben, sind hoch angesehen. Die USA sind ein Einwanderungsland. Viele Menschen beginnen hier ein neues Leben, sie starten ohne finanzielle Grundlage, oft auch ohne eine lange Bildungsgeschichte. Der amerikanische Traum ist der erfolgreiche Selfmademan.

In Frankreich, England und anderen westeuropäischen Ländern ist es hingegen wichtig, welche Universität man besucht hat, welchen Netzwerken man demzufolge angehört und aus welcher Familie man stammt. In ehemals kommunistischen Staaten sind Netzwerke und Zusammenhänge bis heute noch in der alten Zeit verwurzelt, und man ist gut beraten, sich die Geflechte und Zusammenhänge gut erklären zu lassen. Das Gleiche gilt für Asien, insbesondere für China.

4.7.2 Manchmal muss Grau in den Prozess
In asiatischen Ländern, wie zum Beispiel China oder Japan, ist Seniorität – also das höhere Alter – eine Determinante von Status. Wenn nun beispielsweise eine deutsche Firma einen Standort in China aufbauen möchte, sollte darauf geachtet werden, dass wichtige Funktionen mit älteren Mitarbeitern besetzt werden. Einem jungen Mitarbeiter zwischen 30 und 40 Jahren würde in der chinesischen Kultur, in der Status auch über das Alter festgelegt wird, die Entwicklung der notwendigen Projektinfrastruktur schwerfallen. Und zwar deshalb, weil

einem Menschen in diesem Alter noch nicht der nötige Status und entsprechende Respekt zugebilligt wird, die er benötigt, um mit den Partnern auf Augenhöhe zu verhandeln.

Dies kann auch dazu führen, dass das deutsche Unternehmen oder das gemeinsame Projekt an Status verliert, wenn beispielsweise bei einem Joint Venture ein jüngerer Manager geschickt wird. In den Augen der altersorientierten Geschäftspartner bedeutet dies, dass den Deutschen das Projekt nicht sonderlich viel bedeutet, da sie eben lediglich einen Mitarbeiter mittleren Alters geschickt haben.

Die Zuschreibung von Status auf der Basis des Alters ist dabei unabhängig von den Leistungen oder der Position des Mitarbeiters. In Deutschland und Amerika ist der innerbetriebliche Rang in weit stärkerem Maß von den Leistungen abhängig, die der jeweilige Mitarbeiter erbracht hat und erbringt.

Der wichtigste Unterschied bei der Zuschreibung von Status betrifft also die *Kriterien*, die dabei herangezogen werden. Auf der einen Seite finden sich Kulturen, in denen sich Status vor allem über die eigenen Leistungen bestimmt. Auf der anderen Seite finden sich Kulturen, in denen sich der Status einer Person hauptsächlich über die Zugehörigkeit zu einer bestimmten Gruppe ergibt.

Wichtige Merkmale solcher Gruppen sind Alter, Geschlecht und insbesondere auch die Familienmitgliedschaft.

Wie bereits erwähnt, ist das Alter nicht nur in China, sondern auch in Japan ein wichtiges Kriterium für Status. Daneben ist es dort noch immer schwer denkbar, eine leitende Position mit einer Frau zu besetzen. Auch in vielen anderen Kulturen ist es schwierig, als Frau den gleichen Status zu erlangen wie ein Mann.[9]

4.7.3 Clans, Familien und die Stärke des Netzwerks

Auch in Indien genießen Frauen in der Regel ein geringeres Ansehen als Männer. Doch finden sich in der Geschichte dieses Landes Beispiele, die deutlich machen, dass es unterschiedliche Quellen des sozialen Status gibt: In Indien ist es entscheidend, aus welcher Familie man stammt, und auf dieser Basis werden Posten vergeben. So war es auch möglich, dass Sonia Gandhi 2004 die Vorsitzende der Kongresspartei wurde, *obwohl* sie eine Frau und nicht in Indien geboren ist. Die Zugehörigkeit zu den Gandhis oder den Nehrus, also

---

9 Das gilt nicht nur für uns fremde Kulturen, sondern mehr oder weniger ausgeprägt auch in Deutschland und anderen europäischen Ländern – selbst wenn die Verfassung Gleichberechtigung vorsieht.

den Clans, die die indische Politik seit nunmehr 70 Jahren prägen und gestalten, ist eine Quelle gesellschaftlichen Status, die andere Kriterien aufwiegen kann.

Ähnliches gilt für die politische Szene der USA. Eine Verbindung zu den politisch einflussreichen Clans wie den Kennedys, den Clintons oder den Bushs ist für eine Karriere in der amerikanischen Politik sehr hilfreich. Die Zugehörigkeit zu bestimmten Familien – der Klang der Namen – enthält Informationen über die Stärke des Netzwerks und damit auch des potenziellen Einflusses, den eine Person ausüben kann.

In den Vereinigten Staaten finden sich aber in Hinsicht auf die Quelle von Status auch Unterschiede zwischen verschiedenen Regionen. Während an der Ostküste die Familienzugehörigkeit den Status im wirtschaftlichen und politischen Bereich stärker beeinflusst, findet sich an der Westküste eine stärkere Zuschreibung von Status auf der Grundlage persönlicher Leistungen. Der amerikanische Selfmademan, der sich vom Tellerwäscher zum Millionär hochgearbeitet hat, genießt dort größtes Ansehen.

Aus der Perspektive anderer Kulturen kann dies jedoch durchaus befremdlich wirken: Der amerikanische Traum ist der französische Albtraum!

Gesellschaftlicher Status hat in Frankreich vor allem mit dem Bildungsweg zu tun, den jemand genommen hat. Kennt man den Bildungsweg eines Menschen, ist man gleichzeitig nicht nur darüber informiert, ob man es mit einem Citoyen zu tun hat, sondern auch darüber, welche Qualität das Netzwerk dieser Person besitzt.

In Frankreich spielen die Eliteuniversitäten des Landes in dieser Hinsicht eine maßgebliche Rolle. Eine Karriere in der Wirtschaft oder Politik ist kaum zu verwirklichen, wenn man nicht eine der führenden Universitäten besucht hat. Die *HEC (École des Hautes Études Commerciales)* in Paris oder die *ENA (École Nationale d´Administration)* in Straßburg sind die Kaderschmieden Frankreichs.

Unabhängig von persönlichen Leistungen ist die Tatsache, dass jemand eine dieser Institutionen durchlaufen hat, ein entscheidender Hinweis auf die Güte seines Netzwerks und erlaubt damit im partikularistischen Frankreich einen Rückschluss auf seinen Einfluss.

4.7.4 Leistung und Status

Während die Zugehörigkeit zu Familien oder die Bildungsgeschichte in den genannten Kulturen Hauptkriterien bei der Zuschreibung von

Status sind, stellt sich dies in Deutschland anders dar. Abgesehen von adligen Kreisen, die auch heute noch sehr unter sich bleiben, ist die Abstammung in Deutschland weniger entscheidend. Kriterien zur Erreichung eines bestimmten Status beruhen vielmehr auf den Ergebnissen eigener Leistungen.

Wichtige Anhaltspunkte sind dann, ob und welche höhere Bildung absolviert wurde und ob sich daran eine Promotion angeschlossen hat oder nicht. Gleichzeitig wird der Status stärker an der Position festgemacht, was wiederum damit zu tun hat, dass man davon ausgeht, dass diese Position durch eigene Leistungen erarbeitet wurde.

Die sozialdemokratischen Bildungsreformen in den 60er- und 70er-Jahren haben in Deutschland dazu geführt, dass bestehende Grenzen zwischen sozialen Schichten durchlässiger wurden. Es ist deshalb nicht ohne Weiteres möglich, die Herkunft einer Person an ihrem Bildungsweg oder der besuchten Ausbildungsstätte festzumachen.

Ein besonderes Phänomen ist in England zu beobachten: Dort ist die Zugehörigkeit zu einer bestimmten sozialen Schicht regelrecht hörbar. Die Herkunft drückt sich deutlich in der Sprache aus. Die sprachlichen Unterschiede sind für Menschen, die nicht von der Insel kommen, meist schwer zu identifizieren. Der soziale Status wird aber über Sprachduktus und Wortwahl transportiert. Anstatt von Dialekten spricht man hier deshalb auch von Soziolekten.

Kulturelle Unterschiede spielen auch bei der Entscheidung, ob jemandem eine bestimmte Position oder Funktion zugetraut wird, und bei der Einschätzung, ob eine bestimmte Position adäquat besetzt ist, eine große Rolle.

Eine US-amerikanische Mitarbeiterin eines großen deutschen Automobilkonzerns, die an einem Trainee-Programm teilnahm, hatte ein Gespräch mit ihrem HR-Manager. Im Gespräch berichtete sie stolz davon, dass sie in Wharton (einer der renommiertesten amerikanischen Wirtschaftsuniversitäten) studiert habe. Die von ihr erwartete Reaktion der Anerkennung dieser Auszeichnung durch ihren HR-Manager blieb aus. Sie war perplex, dass er ihre Universität nicht kannte. In Deutschland war diese Universität unbekannt, und das Renommee, das mit diesem Ausbildungsweg verbunden ist, hat demzufolge kein Gewicht. Daraus resultierte, dass die junge

Amerikanerin die gesamte HR-Abteilung als unprofessionell wahrnahm. Die Krux war, dass sie davon ausging, dass das Kriterium ihrer Auszeichnung durch ein Studium in Wharton ein universelles Kriterium sei. Zumindest setzte sie voraus, dass die Bedeutung Whartons in einem international agierenden deutschen Konzern allgemein bekannt sein müsse.

Diese Anekdote soll verdeutlichen, dass fehlender Respekt für den Status von Geschäftspartnern oder Kollegen problematisch werden kann. Es ist also in geschäftlichen Kontexten ausgesprochen wichtig, die Regeln und Mechanismen der Statuszuschreibung zu kennen und zu berücksichtigen. Denn die meisten Menschen reagieren auf die Verletzung und Missachtung ihres Status sehr empfindlich.

4.8 Mañana oder: Zeit ist Geld

4.8.1 Was ist Zeit?

Der Umgang mit Zeit ist eines der Phänomene, durch die Kulturen stark bestimmt sind. Hier zeigen sich kulturelle Unterschiede sehr deutlich. Die Annahmen über die Natur der Zeit sind schwer veränderbar, und diesbezügliche Differenzen lösen häufig die heftigsten Reaktionen aus. Schon die Zeitvorstellungen innerhalb einer Kultur können sehr heterogen sein. Wie Kulturen Zeit verstehen, hat sich im Laufe ihrer Geschichte verändert. Menschen verschiedener Epochen hatten ein sehr unterschiedliches Zeitgefühl (vgl. Proust 2008; Nowotny 1993; Levine 1999).

Geschäftsprozesse zu begleiten und zu planen bedeutet immer auch, dass zeitliche Aspekte berücksichtigt werden müssen. Die Produktion von Gütern beinhaltet die Produktion von Einzelteilen, ihre Auslieferung und schließlich ihre Montage zum fertigen Produkt. In diesem Prozess müssen unterschiedliche Aufgaben koordiniert werden. Hier geht es im Kern darum, Aktivitäten in der Zeit abzustimmen und ineinanderlaufen zu lassen. Wie dies geschieht, also welche Interaktionsmuster zur Koordination unterschiedlicher Aufgaben innerhalb eines Unternehmens entstehen, hängt entscheidend davon ab, wie Zeit wahrgenommen und interpretiert wird.

In verschiedenen Kulturen sind unterschiedliche Konzepte von Zeit gewachsen. In Indien beispielsweise ist ein Konzert zwar zu einem bestimmten Zeitpunkt angesetzt, doch es beginnt erst dann, wenn die Musiker bereit sind und genügend Zuhörer da sind. Die Aktion steht über der angegebenen Zeit. In westlichen Industrieländern bestimmt die Zeit die Aktion: Die Musiker der *Berliner Staatsoper* beginnen um Punkt 20.00 Uhr mit der Ouvertüre, so wie es im Programm abgedruckt ist.

Das unterschiedliche Zeitverständnis ist davon abhängig, ob Zeit etwas ist, das linear verstanden wird, oder ob Zeit als etwas Kreisförmiges, Wiederkehrendes gesehen wird. Die Orientierung an einer Linie ist typisch für Deutschland oder Amerika. Der bekannte Ausspruch »Zeit ist Geld« illustriert diese Auffassung sehr deutlich. Zeit wird als eine Ressource gesehen, die wohl genutzt werden will. Das »ungenutzte« Verstreichen von Zeit wird als Verlust aufgefasst.

4.8.2 Zeiteinteiler – Zeitzerteiler

Diese letztgenannte Orientierung hat zur Folge, dass Zeit in einzelne, separate Abschnitte zerteilt wird. Einzelne, abgrenzbare Aufgaben werden in diesen Abschnitten untergebracht. Trompenaars (vgl. Trompenaars a. Hampden-Turner 1997) nennt entsprechend ausgerichtete Kulturen monochrone Kulturen. An anderer Stelle wird aufgrund dieses speziellen Fokus der Begriff der »Single-focus-Kultur« verwendet. »Single focus« bedeutet in diesem Zusammenhang, dass jeweils nur eine Tätigkeit pro Zeiteinheit verrichtet wird. Arbeitsschritte und Termine werden so geplant, dass es möglichst wenige Überlappungen zwischen unterschiedlichen Aufgaben gibt. Menschen, die so mit Zeit umgehen, nennen wir *Zeitzerteiler.*

Dieses Verständnis von Zeit hat sich historisch erst sehr spät entwickelt. Mit der Industrialisierung und der zunehmenden Verbreitung von Maschinen wurden auch die gesellschaftlichen Vorstellungen bezüglich der Zeit verändert. Der mechanische, sequenziell geordnete Arbeitsablauf einer Maschine wurde als Idealbild des effektiven Arbeitens angesehen. Die Zerlegung des Arbeitsprozesses in einzelne, einfache Handlungen wurde im Taylorismus und im Fordismus zu einer Organisationslehre verarbeitet, die unser Verständnis von Zeit grundlegend verändert hat: Zeit wird als sequenziell begriffen.

In bäuerlichen und nicht industrialisierten Kulturen ist Zeit ein zyklischer Vorgang, der sich an den wiederkehrenden Rhythmen der Natur – Tag und Nacht, Jahreszeiten, Erntezeiten usw. – orientiert: Zeit geht nicht verloren, sondern kehrt wieder. Wenn eine Aufgabe an

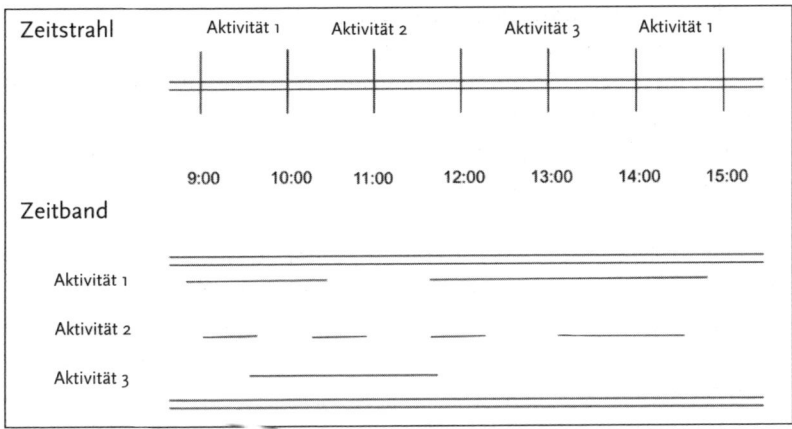

Abb. 10: Aktivitätsanordnung in monochronen und polychronen Kulturen

einem Tag nicht erledigt wurde, kann das auch noch an einem anderen Tag geschehen. Sind die aktuellen Umstände nicht dazu geeignet, eine bestimmte Aufgabe zu erfüllen, dann wird eine andere Aufgabe ausgeführt oder abgewartet, bis die Bedingungen günstiger sind. Wenn es regnet und das Gras nicht gemäht werden kann, dann muss eben auf besseres Wetter gewartet werden: »Mañana«, würde ein Spanier sagen, denn am nächsten Tag kehrt der Morgen zurück, die Zeit ist nicht »verloren« (*mañana* = »morgen, der Morgen«). Menschen, die so mit Zeit umgehen, nennen wir *Zeiteinteiler*, weil sie im Gegensatz zu Zeitzerteilern die Zeit wie ein Band sehen, auf dem mehrere Handlungen parallel ausgeführt werden können.

Dieser Umgang mit Zeit wird als »polychron« (Trompenaars a. Hampden-Turner 1997) bezeichnet und geht häufig mit einer Aufgabenorientierung einher, die sich mit dem Begriff des »multi-focus« beschreiben lässt. Kulturen mit diesem Zeitverständnis bearbeiten oft mehrere Aufgaben gleichzeitig. Während »Single-focus«-Kulturen ein sehr striktes individuelles und institutionelles Zeitmanagement präferieren, in dem die Zeitabschnitte klar unterteilt und bestimmte, abgrenzbare und spezifische Aufgaben geplant werden, werden Pläne in »Multi-focus«-Kulturen eher als Richtlinien denn als strikte Regelwerke angesehen. Dies bedeutet nicht nur, dass mehrere Aufgaben gleichzeitig im Fokus stehen können. Dies hat auch Auswirkungen auf die Art und Weise, wie Aufgaben bearbeitet werden.

4.8.3 Die Konsequenzen der Zeitkultur

Dabei hat in Kulturen mit einer zyklischen Zeitvorstellung auch das Warten einen ganz anderen Stellenwert. In »Single-focus«-Kulturen und insbesondere in Deutschland sind Verspätungen oder Veränderungen in Zeitplänen eine Quelle großer Frustration. Es wird als unhöflich angesehen, unpünktlich zu sein. Man lässt auch niemanden gerne warten. Der Zeitpunkt für die Erledigung einer Aufgabe bestimmt sich häufig aus den Freiräumen im Terminkalender. Nur selten wird etwas dazwischengeschoben, und Termine werden möglichst eingehalten bzw. ungern verlegt, selbst wenn dies mit großen Schwierigkeiten verbunden ist.

Kann eine Aufgabe zum geplanten Zeitpunkt nicht erledigt werden, entsteht häufig ein Vakuum. Wenn beispielsweise ein Termin kurzfristig abgesagt wird, ist es für Menschen mit einer »Single-focus«-Orientierung schwierig, auf alternative Aufgaben umzustellen. Der aktuelle Zeitabschnitt war einzig für den ursprünglich geplanten Termin reserviert.

Dagegen ist Warten in »Multi-focus«-Kulturen etwas ganz Alltägliches. Das Konzept des Wartens existiert dort als solches vielleicht gar nicht, wenn es ohnehin die Regel ist, vier Aufgaben gleichzeitig zu verfolgen. Fällt eine weg, freut man sich, denn dann hat man mehr Zeit für die anderen drei.

Um dies besser zu verstehen, ist ein Blick auf die griechische Unterteilung zwischen *chronos* und *kairos* hilfreich. Das Wort Chronos bezeichnet hier die *vergehende Zeit*, also die Tatsache, dass Zeit verstreicht, die in unserem Erleben als Abfolge von Momenten repräsentiert ist. Kairos bezeichnet demgegenüber den *richtigen Zeitpunkt* dafür, etwas zu tun.

Das »Warten« wird in »Multi-focus«-Kulturen vielleicht deshalb nicht als negativ beurteilt, weil die Vorstellung bedeutsamer ist, dass es für bestimmte Dinge einen »richtigen« Zeitpunkt gibt. Aufgaben werden im Flow erledigt – und zwar dann, wenn es wirklich passt, und nicht unbedingt zu dem Zeitpunkt, für den sie geplant wurden: Die Musiker beginnen zu spielen, wenn sie bereit sind. Die Hochzeit beginnt dann, wenn alle Gäste da sind.

Der Leiter eines Projekts in Qatar wurde ins Ministerium gerufen, dort sollten verschiedene Aspekte des Projekts koordiniert werden. Der Manager war zur verabredeten Zeit im Ministerium, wurde jedoch gebeten zu warten. Er nahm vor dem Büro des Staatssekretärs Platz und wartete. Er wartete drei Stunden, bevor er ins Büro gerufen wurde. Während dieser drei Stunden konnte er beobachten, wie eine Reihe von Leuten das Büro betraten und es wieder verließen. Es kam ihm zwischenzeitlich vor, als sei er vergessen worden. Als er schließlich ins Büro geladen wurde, begrüßte ihn der Staatssekretär freundlich, wobei er nebenbei immer wieder in den Telefonhörer sprach und im Raum mehrere eingeschaltete Fernseher liefen. Auch während des Gesprächs nahm er immer wieder eingehende Telefonanrufe an oder kommentierte das Geschehen im Fernsehen. Regelmäßig kamen Mitarbeiter ins Büro und besprachen kurz etwas.

Aus der Sicht einer »Single-focus«-Kultur erscheint dieses Verhalten vielleicht respektlos und chaotisch. In »Multi-focus«-Kulturen besteht dagegen nicht zwingend eine Verbindung zwischen Respekt und Zeit.

4.8.4 Zeit für Beziehungspflege

Der Fokus auf einem einzigen Gegenstand pro Zeiteinheit, wie er in »Single-focus«-Kulturen gepflegt wird, führt dazu, dass sich Menschen mit einem »Multi-focus«-Hintergrund in diesem Umfeld häufig unfreundlich behandelt fühlen. Denn der »Single-focus« bezieht sich nicht nur auf die Erledigung von Aufgaben, sondern schließt in gewissem Maß auch die Beziehungspflege ein – auch in negativem Sinne, wie das folgende Beispiel zeigt.

Ein koreanischer Mitarbeiter war zu einem Gespräch bei einem deutschen Vorgesetzten eingeladen. Zum verabredeten Zeitpunkt war er beim Büro und wurde auf ein Klopfen mit einem »Herein!« ins Büro gebeten. Der Vorgesetzte telefonierte jedoch noch und hob nur leicht die Hand als Begrüßung, um dann noch weiter in den Hörer zu sprechen. Nach einigen Minuten war das Gespräch beendet, und der Chef begrüßte den Koreaner sehr freundlich.

Der deutsche Vorgesetzte hatte also – der »Single-focus«-Logik folgend – ganz einfach erst das Telefongespräch beendet, um danach den Mitarbeiter zu begrüßen. Für ihn hatte das keinen Einfluss auf die Beziehungsebene.

In den Minuten des Wartens hatte sich der Mitarbeiter aber sehr schlecht gefühlt: Der Vorgesetzte hatte keine Anstalten gemacht, ihn richtig zu begrüßen, und verhielt sich auch so, als sei der Mitarbeiter nicht anwesend. Er fühlte sich übergangen, und die Begrüßung nach dem Telefongespräch wirkte auf ihn dann auch wie aufgesetzt: Wenn der Vorgesetzte wirklich so begeistert gewesen wäre, ihn zu sehen, dann hätte er ihn doch (trotz des Telefonats) auch sofort begrüßen können.

Ein weiteres Beispiel kann die Rolle der Beziehungsebene hinsichtlich der Zeit in diesem Zusammenhang weiter veranschaulichen:

Während meines Studiums arbeitete ich bei einem indischen Im- und Exportunternehmen. Mein damaliger Chef war im Allgemeinen eher unpünktlich, und eines Tages sprach ich ihn daraufhin an. Er schaute mich kurz an und erklärte mir, dass dies damit zusammenhinge, dass er oft Bekannte und Geschäftspartner zufällig treffe. Und welchen Grund könne er in einem solchen Moment dafür haben, keine Zeit für seine Bekannten und Geschäftspartner aufzubringen? Das wäre doch rüde und respektlos!

Dort, wo die Pflege von Beziehungen in einer Gesellschaft einen hohen Wert hat, ist die zufällige Begegnung mit wichtigen Geschäftspartnern ein akzeptabler Grund, sich bei anderen Terminen zu verspäten. In den großen arabischen Metropolen spielt sich das wirtschaftliche und öffentliche Leben in den Lobbys repräsentativer Hotels ab. Das heißt, es entsteht eine kommunikative Marktplatzsituation, in der man davon ausgehen kann, dass man die wichtigen Gesprächspartner ohnehin trifft.

In dem oben angesprochenen Im- und Exportunternehmen kam eines Tages ein Lieferant, der etwas mit meinem Vorgesetzten zu besprechen hatte. Er kam am Morgen an und wartete ... Er wartete den ganzen Tag, und erst gegen Abend fand mein Chef die Zeit reif dafür, mit dem Lieferanten zu sprechen.

Natürlich spielte in diesem Kontext, wie auch schon bei dem Beispiel mit dem Ministerialbeamten, das Machtgefälle zwischen den Beteiligten eine Rolle. Nichtsdestoweniger sind Menschen aus Kulturen mit einem multiplen Fokus das Warten ganz allgemein eher gewöhnt und machen sich nicht allzu viel daraus.

In Deutschland ist es hingegen so, dass das Warten von den Wartenden nicht nur als verlorene Zeit, sondern vor allem auch als eindeutiger Indikator der Beziehungsqualität aufgefasst wird. Hätte der Manager aus dem oben genannten Beispiel *in Deutschland* drei Stunden auf einen Beamten warten müssen, wäre dies als Anzeichen fehlender Akzeptanz und Wertschätzung zu beurteilen gewesen. Diese Gleichsetzung von längerem Wartenlassen mit fehlender Anerkennung gibt es in Kulturen mit multiplem Aufgabenfokus so nicht. Warten wird als natürliche Gegebenheit aufgefasst, und es wird ein eher pragmatischer Umgang damit gepflegt.

4.8.5 Zeitvorstellungen und die Planbarkeit von Prozessen und Ereignissen

Damit eng verbunden sind auch Vorstellungen bezüglich der Planbarkeit von Aufgaben. Während Termine und die Handhabung von Zeit in Kulturen mit einem einfachen Zeitfokus den Plänen zur Aufgabenerledigung folgen, ist es in »Multi-focus«-Kulturen eher so, dass sich die Bearbeitung nach den aktuellen Gegebenheiten richtet. Alles ist im Fluss, und die Aufgaben werden schon zum richtigen Zeitpunkt erledigt werden. Funktionieren kann dies, indem man die sich bietenden Gelegenheiten sofort nutzt und sich nicht zu sehr an abgesprochenen Terminen und Plänen festhält.

Planen Sie also eine Geschäftsreise in eine Region mit multipler Zeitauffassung, sollten Sie ein großzügigeres Zeitbudget mitbringen. Insbesondere für den Mittleren Osten, Nordafrika und asiatische Länder wie China und Japan ist dies zu empfehlen. Die Vereinigten Staaten hingegen sind eher eine »Single-focus«-Kultur, die sich sehr an geplanten Abläufen orientiert.

In Verhandlungen mit Japanern kam es häufig vor, dass die japanischen Verhandlungspartner ihre letzten Forderungen kurz vor dem Zeitpunkt abgaben, an dem die Amerikaner ihren Rückflug gebucht und Anschlusstermine festgelegt hatten. Die Amerikaner neigten dann in weit stärkerem Maß dazu, Zugeständnisse zu machen (Trötschel 2001). Die Aussicht, einmal gemachte Verabredungen und gebuchte Flüge wieder zu verlegen, war für die Amerikaner unangenehm. Als Resultat konnten die Japaner durch die Wahl des richtigen Zeitpunkts für sie vorteilhaftere Verhandlungsergebnisse erzielen.

Im Rückkehrschluss ist es deshalb für Menschen mit einem »Single-focus«-Hintergrund wichtig, im Kontakt mit Partnern aus einer »Multi-focus«-Kultur den richtigen Zeitpunkt abzupassen. Informieren Sie also ihre Geschäftspartner über den Zeitraum Ihrer Anwesenheit, und planen Sie für sich selbst ein großzügigeres Zeitbudget, bauen Sie einen »Zeitpuffer« ein. Gehen Sie zudem davon aus, dass Sie nicht alles kontrollieren können, und nehmen Sie längere Wartezeiten nicht persönlich.

4.9 Kontrolle: Agieren und Reagieren

4.9.1 Macht euch die Erde untertan?

Der Sozialpsychologe Serge Moscovici hat in den 60er-Jahren in einem Essay zwei unterschiedliche Vorstellungen gegenübergestellt, die das Verhältnis der Menschen zu ihrer Umwelt beschreiben (vgl. Moscovici 1990). Auf der einen Seite finden sich Kulturen, in denen die Menschen davon ausgehen, dass sie ihre Umwelt kontrollieren können und müssen. Eine Vorstellung, die mit dem biblischen »Macht euch die Erde untertan!« vergleichbar ist. Auf der anderen Seite herrscht die Grundidee, dass der Mensch Teil der Natur ist und in Harmonie mit der Umwelt auf ihre Herausforderungen reagieren muss.[10]

Im ersten Fall liegt der Impuls für die Kontrolle über die Umwelt im Menschen selbst (interner »locus of control«[11]). Nach dieser Anschauung sind es Personen und Organisationen, die ihre Handlungen so ausrichten, dass sie ihre Ziele erreichen. Damit liegt die Verantwortung für die Erreichung der Ziele in der Person oder Organisation. Es geht darum, die Umwelt zu kontrollieren oder so zu verstehen, dass sie kontrollierbar oder zumindest kalkulierbar wird.

---

10 Mit Umwelt ist hier die äußere Welt des Menschen gemeint, nicht die Umwelt im Sinn von Umweltschutz etc., sondern die soziale Umwelt – die Kollegen und Businesspartner.
11 Der Begriff »locus of control« stammt von Julian Rotter (1996). Er differenziert zwei unterschiedliche Überzeugungen, nämlich ob der Mensch selbst hauptsächlich für die Erreichung seiner Ziele verantwortlich ist (interner »locus of control«) oder ob die Umwelt bestimmt, wann Menschen ihre Ziele erreichen können (externer »locus of control«).

Diese Vorstellung ist in der Aufklärung und im kopernikanischen Weltbild begründet. Damals verstand man die Welt als einen großen Mechanismus. Folgerichtig kann sie kontrolliert werden, wenn die Menschen die Prinzipien bzw. das verstehen, »was die Welt im Innersten zusammenhält«. Diese Ideen beziehen sich jedoch nicht nur auf die Umwelt, sondern schließen auch die Kontrollierbarkeit des eigenen Erfolgs mit ein.

In Coachings trifft man oft auf diese Haltung, und eine Frage, die man stellen kann, um an diesem Thema zu arbeiten, ist die folgende: »Wenn Sie prozentual angeben müssten, wie viel Kontrolle sie über den Verlauf ihres Lebens oder ihrer Karriere haben, welche Zahl würden sie nennen?« In Europa liegt die Antwort in der Regel deutlich über der 50-Prozent-Marke. Menschen gehen vor allem in westlichen Industrieländern davon aus, dass sie ihr Leben in großem Maß selbst bestimmen können.

Im zweiten Fall liegt der »locus of control« außerhalb der Person oder Organisation, deren Zielerreichung deshalb durch die Umwelt kontrolliert wird. In Ländern wie China, Japan, aber auch einigen lateinamerikanischen Ländern schätzen die Menschen die Kontrolle über ihr Leben erfahrungsgemäß als viel geringer ein. Natürlich kann in gewisser Weise Kontrolle gegenüber der Umwelt ausgeübt werden, sie ist aber beschränkt.

Wenn es in Deutschland bei Geschäftsprozessen zu Verzögerungen kommt, wird dies sofort gemeldet, damit man so schnell wie möglich Anpassungen vornehmen kann und sichergeht, dass das Projekt in der vorgesehenen Zeit und im abgesteckten Rahmen realisiert werden kann.

In Ländern und Organisationen, in denen die Kontrolle eher external verstanden wird, so zum Beispiel auch in Ägypten, wird der Handlungskurs unter Umständen erst viel später an die veränderten Bedingungen angepasst. Die Realisierung eines Projekts unterliegt nach dortigen Vorstellungen unkontrollierbaren äußeren Einflüssen.

4.9.2 Der amerikanische Weg
Die Kultur, in welcher der Glaube an die Kontrollierbarkeit der Umwelt vielleicht am stärksten ausgeprägt ist, ist die der Vereinigten Staaten von Amerika. Der Beginn des modernen Amerika fällt in die Blütezeit

der Aufklärung, als das fortschrittliche europäische Menschenbild zunehmend die christlichen Vorstellungen von einem allmächtigen Gott ersetzt und sich die ersten Wellen der Industrialisierung ankündigen. Zu dieser Zeit emigrieren europäische Einwanderer zum ersten Mal in Massen auf den neuen Kontinent – ein riesiges Gebiet. Dieses Gebiet wurde »erobert« und urbar gemacht. Alles, was die frühen Pioniere erreichten, wurde der Natur und »unzivilisierten« Völkern abgetrotzt. Über die Zeit wurden Millionenstädte an unmöglichen Stellen errichtet, den natürlichen Gegebenheiten zum Trotz: New York wurde auf einer Sumpflandschaft erbaut, Los Angeles in einer Wüste ohne Wasser. Es ist kein Wunder, dass der Glaube an die Kontrollierbarkeit hier so stark ausgeprägt ist: »Wo ein Wille ist, ist auch ein Weg!«

In den USA entwickelt sich die Frage nach der Sicherheit und damit Kontrollierbarkeit von Dingen mehr und mehr zur Leitdifferenz der Kultur. Und insbesondere nach den Anschlägen auf das World Trade Center ist dies sehr deutlich. »Is it safe?« ist eine sehr häufig gestellte Frage.

Kulturen, in denen das Handeln stärker an der Umwelt ausgerichtet ist, haben andere Organisationsformen entwickelt. Die Ansprüche der Umwelt und die eigenen Ziele werden harmonisch aufeinander abgestimmt.

4.9.3 Kontrollvorstellungen und Kommunikation

Während in Kulturen mit einer internalen Kontrollüberzeugung beispielsweise in Diskussionen *Dissens* und *konkurrierende* Argumente im Vordergrund stehen, finden sich in asiatischen Ländern häufig *konsensorientierte* Gespräche.

In den Vereinigten Staaten oder in Deutschland muss das Gegenüber von den eigenen Ideen überzeugt werden, neue Ansichten müssen gegen Widerstände der Umwelt durchgesetzt werden.

Dort, wo dem Umfeld grundsätzlich mehr Einfluss zugeschrieben wird, wird die Umwelt nicht als grundsätzlich widerständig und auch nicht als potenzielle Gefahr für die Realisierung der eigenen Ziele angesehen. Stattdessen wird ihr eher positiv gegenübergetreten: Die Gedanken und Ideen von Kollegen sind keine Bedrohung, sondern im Gegenteil eine Möglichkeit, die eigene Herangehensweise zu überprüfen. Entsprechend haben Mitglieder dieser Kulturen auch weniger Hemmungen, Ideen und Produkte anderer Organisationen zu nutzen, denn andere Unternehmen sind Teil der Umwelt des Systems. Und wenn diese Umwelt Lösungen bereithält, die sich gut in die eigenen Ergebnisse integrieren lassen, warum sollten sie dann nicht genutzt werden? (Vgl. Trompenaars a. Hampden-Turner 1997.)

4.9.4 Inschallah!

In Kulturen mit externaler Kontrollüberzeugung wird Plänen ein geringerer Stellenwert beigemessen.

In einem Change-Projekt wurde die Produktion von Fahrzeugteilen aus Großbritannien nach Ägypten verlegt. Damit das niedrigere Lohnniveau betriebswirtschaftlich genutzt werden konnte, musste unter anderem sichergestellt werden, dass die Ware zu einem bestimmten Zeitpunkt auf ein Containerschiff verladen wurde, denn Liegezeiten von Containerschiffen im Hafen sind eine kostenintensive Angelegenheit.

Nun kam es wiederholt vor, dass die Ware nicht rechtzeitig im Hafen ankam und, zur Vermeidung größeren Schadens bei den Automobilherstellern, per Luftfracht auf die britische Insel transportiert werden musste. Das fraß die gewünschten Kostenspareffekte wieder auf. Nach einer Prozessanalyse war klar, dass die Verspätung schon weit im Voraus vonseiten der ägyptischen Produktion hätte gemeldet werden können. Es wäre genügend Zeit gewesen, die Schiffe umzudisponieren.

Auf Nachfragen, was die ägyptischen Führungskräfte davon abgehalten hatte, dies zu tun, wurde in etwa so geantwortet: »Wie kann ich so früh wissen, dass es eine Verspätung geben wird, es hätte irgendetwas Unvorhergesehenes passieren können, und der Prozess wäre wieder im Plan gewesen. Beim nächsten Mal wird alles pünktlich im Hafen sein, inschallah.« *In šā'a llāh!* (= »So Gott will!«) bedeutet nicht die völlige Abgabe der Kontrolle, sondern eine andere Verortung der Kontrolle, also eine externale Kontrolle.

In Kulturen mit externaler Kontrollüberzeugung wird nach einem Ausgleich zwischen den Ansprüchen der Umwelt und den eigenen Zielen gesucht. So orientiert sich beispielsweise die Architektur in Singapur sehr stark an den Grundsätzen des Feng-Shui. In dieser Lehre repräsentieren die landschaftlichen Gegebenheiten bestimmte Geister, deren Ansprüche von den Architekten berücksichtigt werden müssen. Ist dies nicht der Fall, stört also eine neue Architektur die Harmonie der Landschaft, so muss mit Konsequenzen gerechnet werden. Während man in Singapur in Harmonie mit der Natur baut, wird in den Vereinigten Staaten häufig gegen sie gebaut (sie wird regelrecht »bezwungen«). Kulturen mit internaler Kontrolle sehen die Umwelt als etwas an, gegen das die eigenen Ideen durchgesetzt werden müssen. Dementsprechend deutlich und energisch werden sie nach außen vertreten und Widerstände bekämpft.

Diese Haltung kann bei Mitgliedern eher konsensorientierter Kulturen das Gefühl auslösen, dass ihr Gegenüber keine Rücksicht auf ihre Belange nimmt und über die Maßen aggressiv auftritt.

4.9.5 Mit dem Umfeld arbeiten
Nicht alle Prozesse können vollständig kontrolliert werden. Im Kontakt mit Kulturen, in denen die Kontrolle eher external verankert ist, ist es nützlich, den Informationsfluss durch enge Beziehungen abzusichern: Man sollte also in regelmäßigem, engem Kontakt zu seinen Geschäftspartnern stehen. Dabei sollte eher auf den Kontakt selbst als auf die vorhandenen Pläne vertraut werden.

Darüber hinaus sind Kulturen mit externaler Kontrolle eher geneigt, vom einmal eingeschlagenen Kurs abzuweichen. Während das Vorgehen in internalen Kulturen häufig durch die langfristigen Unternehmensziele und -strategien geprägt ist, passen sich Unternehmen mit dem Fokus auf der Umwelt schneller und effektiver an sich verändernde Bedingungen an. In westlichen Gesellschaften kann das leicht als Opportunismus abqualifiziert werden. Aus der Sicht beispielsweise der chinesischen Kultur wird eine flexible, opportunistische Strategie jedoch als weise und effektiv beurteilt. Die Möglichkeit der Nutzung und Integration von Kräften, welche außerhalb des eigenen Einflusses stehen, wird als hohes Gut geschätzt.

Das Metamodell nutzen: Nachdem wir nun die relevanten Dimensionen beschrieben haben, stellt sich die Frage, wie interkulturelle Begegnungen gestaltet werden können. Wir haben das Metamodell, anhand dessen wir unsere Irritationen und Stolpersteine einsortieren können. Wir können Hypothesen aufstellen, wie wir aus Missverständnissen, Irritationen und blockierten Interaktionen herauskommen. Wir können reflektieren und beobachten, wie wir selbst geprägt sind.

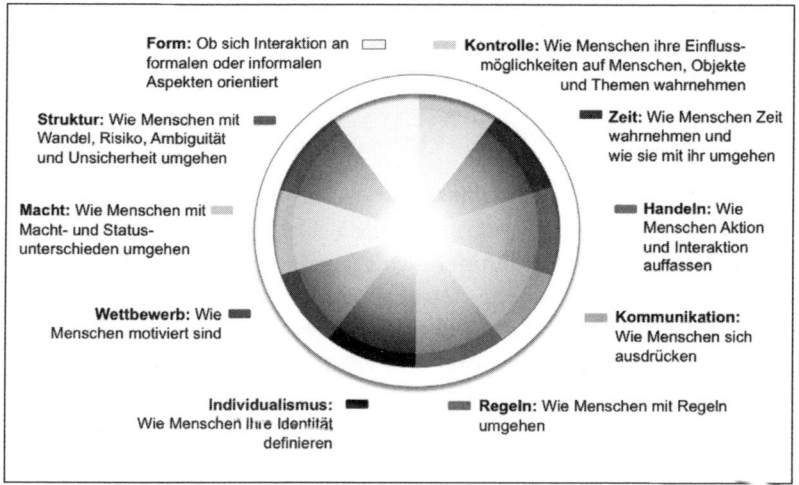

Form: Ob sich Interaktion an ☐ formalen oder informalen Aspekten orientiert

Kontrolle: Wie Menschen ihre Einfluss-möglichkeiten auf Menschen, Objekte und Themen wahrnehmen

Struktur: Wie Menschen mit ▬ Wandel, Risiko, Ambiguität und Unsicherheit umgehen

Zeit: Wie Menschen Zeit wahrnehmen und wie sie mit ihr umgehen

Macht: Wie Menschen mit ▨ Macht- und Status-unterschieden umgehen

Handeln: Wie Menschen Aktion und Interaktion auffassen

Wettbewerb: Wie ▬ Menschen motiviert sind

Kommunikation: Wie Menschen sich ausdrücken

Individualismus: ▬ Wie Menschen Ihre Identität definieren

Regeln: Wie Menschen mit Regeln umgehen

Abb. 11: Metamodell interkultureller Unterschiede nach dem COI© und den Arbeiten von Hofstede (2001) sowie Trompenaars a. Hampden-Turner (1997)

Unterstützend gibt es Instrumente, mit denen das eigene kulturelle Profil erkundet werden kann. Ein webbasiertes Instrument ist der Cultural Orientations Indicator© (TMC), der ein Feedback zu einem persönlichen kulturellen Profil erstellt. Auf dieser Basis kann in Coachings oder Workshops gearbeitet werden. Das Instrument unterstützt die Teilnehmer dabei, die eigene kulturelle Prägung besser zu verstehen.

Dies ist eine Grundvoraussetzung für interkulturell kompetentes Handeln. Interkulturelle Kompetenz erschöpft sich jedoch nicht in dem Wissen über eigene und fremde Kulturen. Benötigt werden außerdem Werkzeuge, die es ermöglichen, interkulturelle Begegnungen und das eigene kulturelle Lernen zu organisieren.

5. Interkulturelle Tools

5.1 Style Switching

5.1.1 Sich an Kulturen anpassen

Die Kernkompetenz in interkulturellen Situationen ist die grundlegende Fähigkeit, sich auf andere Kulturen einzustellen und das eigene Verhalten an die Muster der entsprechenden Kultur anzupassen. Wenn wir unsere eigenen kulturellen Muster verstehen (Selbstaufmerksamkeit) und die kulturellen Präferenzen unseres Gegenübers im Vorfeld der Kooperation antizipieren (kulturelles Wissen unter Einbeziehung des Metamodells kultureller Unterschiede) oder wahrnehmen (Aufmerksamkeit gegenüber anderen), können wir den kulturellen Bedürfnissen unseres Gegenübers entgegenkommen. Dieser Wechsel der eigenen Verhaltensmuster (engl. *style switching*) und der eigenen Sichtweisen setzt eine interkulturelle Perspektive und ein breites Verhaltensrepertoire voraus.

In der deutschen Ingenieurskultur gibt es, ganz allgemein gesehen, gewisse Aspekte, die im Kontakt mit »High-context«-Kulturen und einer indirekten Kommunikationsweise zu interkulturellen Irritationen führen können. Es lassen sich folgende zugespitzte generalisierende Aussagen machen:

- Der Kommunikationsstil kann als »Low-context«-Stil bezeichnet werden, d. h., es zählen die *facts and figures*, Kritik wird direkt geäußert und ist sachorientiert.
- Inhaltliche Kritik wird häufig ohne Umschweife und ohne schönes rhetorisches »Geschenkpapier« überreicht.
- Im Team herrscht oft ein egalitärer Umgang miteinander, und von den Mitarbeitern wird ein hohes Maß an Eigeninitiative erwartet. Ein Teamleiter sieht sich als Primus inter Pares. Deutsche Ingenieure sind es meist gewohnt, dass sie inhaltlich große Freiheit genießen und von ihren Vorgesetzten darauf hingewiesen werden, wenn sie die Grenzen ihres Einflussbereichs überschreiten.

5.1.1.1 Wären sie so freundlich? Britisch-deutsche Führung und Zusammenarbeit

Nehmen wir an, ein deutscher Ingenieur hat die Leitung eines Entwicklungsteams in einer englischen Firma übernommen. Die direkte

Kommunikation, der Verzicht auf eine konjunktivierende Sprechweise
(»I want ...« anstelle von »Would you please be so kind to ...«) und
der harte deutsche Akzent (in Großbritannien spricht man in einer
anderen Tonlage, die tiefere deutsche Tonlage wird als schroff und aggressiv empfunden) könnten von den englischen Teammitgliedern als
unfreundlich oder brüsk aufgefasst werden. Die egalitäre Orientierung
gegenüber dem Team und die großen Freiräume für die einzelnen
Mitarbeiter könnten den Engländern zudem als Führungsschwäche
erscheinen, da sie an feste Aufgabenbeschreibungen gewöhnt sind.
Nach einer Weile geschieht genau dies. Durch Beobachtung und
subtile informelle Rückmeldungen wird dem Ingenieur klar, dass
er als unfreundlich und führungsschwach wahrgenommen wird. Er
ist verunsichert, weil die englischen Mitarbeiter sich nicht seinen
Erwartungen (die in einem deutschen Umfeld entwickelt wurden)
entsprechend verhalten. Was also kann er tun?

Eine Möglichkeit wäre es, »britischer als die Briten« zu werden.
Dies ist natürlich weder realistisch noch wünschenswert, da eine
solche Handlungsweise den eigenen kulturellen Mustern entgegen-
stünde. Stattdessen ist es möglich, durch einen gezielten Stilwechsel
und ein Entgegenkommen in bestimmten Punkten auf die kulturellen Bedürfnisse der Engländer – klare Aufgabenbeschreibungen
und indirekte Kommunikation – einzugehen und so der Irritation
der Mitarbeiter entgegenzuwirken. Dies könnte er tun, indem er sich
zum Beispiel oft verwendete englische Redewendungen notierte,
um sie dann selbst zu verwenden. Dank eines Stilwechsels und der
vermehrten Erfüllung der Erwartungen, die die Engländer an eine
Führungskraft haben, werden die Verunsicherung und die kritische
Sichtweise der Engländer wieder abnehmen.

5.1.1.2 Style Switching ermöglicht Anschluss

Auf der anderen Seite kann und sollte versucht werden, die Briten
auch für die eigene Arbeitsweise zu sensibilisieren und zu gewinnen.
So können die Vorteile der offeneren Aufgabendefinitionen und einer
vertrauensvollen Feedbackkultur vermittelt werden. Die teilweise
Anpassung des eigenen Verhaltens, das Style Switching, kann eine
Verständigungsbrücke bauen, die es beiden Seiten ermöglicht, voneinander zu profitieren.

Style Switching bezieht sich auch auf die Gepflogenheiten vor Ort.
Wenn man zu einer Abendveranstaltung in Sofia eingeladen wird, ist

es wichtig, sich über den Dresscode klar zu sein. In Osteuropa sind solche Abendveranstaltungen höchst formale Anlässe, denen die Gastgeber einen hohen Stellenwert beimessen. Mit adäquater Garderobe werden Respekt vor und Achtung gegenüber den Gastgebern und dem Anlass ausgedrückt.

Natürlich fällt es leichter, sich an die in der eigenen Kultur üblichen Verhaltensweisen zu halten. – Dennoch ist es sinnvoll und möglich, alternative Verhaltensweisen zu zeigen. Selbst wenn uns ein Stilwechsel in manchen Bereichen schwerfällt, ist er ein unersetzliches Tool für den Umgang mit anderen Kulturen: Wir ergänzen den Blumenstrauß unserer Möglichkeiten durch neue Blumen und Farben.

5.1.2 Perspektiven- und Stilwechsel als Intervention in Gruppen

Is this a Chinese no? Is this German friendliness?

Die Möglichkeit, sich in die Perspektive einer anderen Kultur hineinzuversetzen, ist für Mitglieder interkulturell gemischter Arbeitsgruppen äußerst gewinnbringend. Wenn offensichtlich wird, dass im Verhalten oder bei Interpretationen bestimmte Unterschiede bestehen, die die Kommunikation in der Gruppe blockieren oder einschränken, können Stilwechselübungen dazu beitragen, die Sichtweise der jeweils anderen Kultur verständlich zu machen. Die Unterschiede können bereits im Vorfeld antizipiert und in den Kick-off-Workshop eines Projekts einbezogen werden. Aus Interviews und Gesprächen ergeben sich meist Hinweise auf die Leitdifferenz (z. B. »high/low context«; direkt/indirekt). Die Gruppen schätzen sich auf den Skalen der Dimensionen zunächst selbst ein (Herstellung eines Selbstbildes): »Wie denken wir über unsere Ausprägung z. B. in der Dimension direkt/indirekt?« Diese Vorgehensweise führt zu einer ersten Auseinandersetzung mit den Dimensionen und fokussiert die Gemeinsamkeiten und gegebenenfalls auch die Heterogenitäten der Gruppe. Im nächsten Schritt schätzen die Gruppenmitglieder erstens ein, was die andere Gruppe ihrer Meinung nach über sie denkt (vermutetes fremdes Fremdbild), und zweitens, wie sie selbst über die andere Gruppe denken (eigenes Fremdbild). Durch diesen Perspektivwechsel wird es den Teilnehmern möglich, sich mit den Augen der jeweils anderen zu sehen.

Solche Übungen dienen auch dazu, eingefahrene Situationen schon im Vorfeld zu vermeiden oder gegebenenfalls aufzubrechen. Dabei spielt auch die Tatsache eine Rolle, dass die Teilnehmer erleben können, wie ungewohnt es sich anfühlt, in die Schuhe einer anderen Kultur zu schlüpfen. Festgefahrene Situationen werden dadurch häufig auch entkrampft (zwei Beispiele aus der Praxis wurden bereits oben angesprochen).

In einem Projekt in Fuzhou konnten wir beim Kick-off-Workshop sehr erfolgreich eine gemeinsame Metasprache etablieren, die den Mitgliedern des Projektteams aus Festlandchina, Deutschland und Taiwan das Zusammenleben erheblich erleichterte. Als Leitdifferenz hatten wir den Umgang mit »Ja« und »Nein« vermutet und eine passende Style-Switching-Übung durchgeführt.

Wenn es anschließend zur Ablehnung von Vorschlägen, Anträgen oder Ideen kam, wurden z. B. die Chinesen gefragt: »Is this a Chinese no?« Und die direkten Deutschen bekamen daraufhin in den meisten Fällen eine klare Antwort.

Ein vergleichbarer Effekt wurde in einem Projekt in Großbritannien erzielt, in dem der deutsche und britische Umgang mit Höflichkeit und Direktheit bzw. Indirektheit Ausgangspunkt der Etablierung einer Metasprache wurde.

Wir erläuterten den Briten, dass ein deutscher Security-Mitarbeiter am Kontrollband des Frankfurter Flughafens oft nur ein Wort braucht: »Computer?«, wenn er eigentlich sagen will: »Haben Sie einen Computer bei sich? Wenn ja, wären Sie bitte so freundlich, ihn aus der Tasche zu nehmen und aufs Band zu legen?« Dies wird in Deutschland nicht als unhöflich, sondern als effizient betrachtet. Daraufhin wurde auch in diesem Projekt eine Metasprache entwickelt: Bei augenfällig kurzen Antworten und Ansagen der deutschen Kollegen fragten die britischen Kollegen: »Is this german friendliness?«, was dann bejaht wurde. Wie bereits oben beschrieben (vgl. 4.5.3.1), war dagegen eine beliebte Frage der deutschen an die britischen Kollegen: »What comes after the ›but‹?«, nachdem man in den Style-Switching-Übungen gelernt hatte, dass die Briten die eigentliche Kritik erst am Ende ihrer Argumentation unterbringen.

Es war eine Metasprache etabliert worden, die bestehende Unterschiede besprechbar und handhabbar machte. Deutsche und Briten konnten nun in Bezug auf Verhaltensmuster die Brille der anderen Kultur aufsetzen und nutzen. Damit hatten sie auch eine Methode gefunden, um von einem Stil in den anderen zu wechseln. So »enthärtet« sich die eigene Perspektive, die eigene Verhaltensweise wird als eine unter mehreren *Verhaltensmöglichkeiten* wahrgenommen. Dadurch wird, vor allem in Situationen, in denen kulturelle Unterschiede zuerst auf Ablehnung stoßen, automatisch der eigene ethnozentristische Blickwinkel verlassen. Wo die Verhaltensweisen der eigenen Kultur zuvor als normal, natürlich oder besonders sinnvoll erschienen, öffnet sich der Blick, und die Perspektiven der anderen Kultur können besser verstanden und nachvollzogen werden. Das Aufbrechen des ethnozentristischen Standpunkts macht es möglich, den Unterschieden zwischen Kulturen mit Interesse zu begegnen und sie so »am eigenen Leib« zu erleben. Dadurch wird die interkulturelle Differenz bearbeitbar:

Die deutschen Teilnehmer in Fuzhou haben erlebt, dass in der asiatischen Kultur unterschiedlich nuancierte »Jas« existieren, jedoch kein (direkt formuliertes) »Nein«. Die asiatischen Teilnehmer haben erfahren, dass ein »Nein« in der deutschen Kultur nicht mit Gesichtsverlust oder Abwertung verbunden ist. Auf dieser Basis wurde eine neue Sprache dafür gefunden, die interkulturellen Unterschiede in Zukunft gesichtswahrend (wichtig für die asiatische Seite) und deutlich (wichtig für die deutsche Seite) zu bearbeiten.

Nach diesem Prinzip lassen sich Gruppenworkshops zum Thema »Kulturelle Unterschiede« organisieren. Das Spiel mit unterschiedlichen Verhaltensweisen und Erwartungen sowie Perspektivenwechseln bricht verhärtete Vorstellungen und Stereotype auf.

In Frankreich wurde ein Workshop sehr erfolgreich mit einem deutsch-französischen Team durchgeführt. Die Leitdifferenz war in diesem Fall der Unterschied zwischen den eher kontextbezogenen französischen Teammitgliedern (vgl. 4.5) und den wenig kontextorientierten Deutschen. Hinzu kam die französische Neigung, sich stark auf die Konzepte und Theorien, welche hinter einer Idee oder einem Vorschlag stecken, zu konzentrieren und diese Ebene sehr ausführlich zu diskutieren. Im Workshop wurden entsprechende Übungen durchgeführt: Nachdem die Deutschen dort wunderbar theoretisch argumentiert und die Franzosen sich im direkten Themeneinstieg und der unumwundenen Konversation geübt hatten, konnten die inhaltlichen Themen des Teams künftig wesentlich effektiver bearbeitet werden.

Die Effektivität von Style-Switching-Übungen ergibt sich daraus, dass interkulturelle Unterschiede entweder indirekt (»Was meinen Sie, was die anderen über Sie denken?«) oder direkt an Verhaltensweisen bearbeitet werden. Wenn Menschen auf ihren kulturellen Hintergrund angesprochen werden und er womöglich als problematisch thematisiert wird, reagieren sie oftmals mit Ärger und defensivem Verhalten. Mittels Perspektivenwechsel- und Verhaltensübungen werden fremde kulturelle Muster erlebbar, und kulturelle Unterschiede verlieren ihre potenzielle Sprengkraft. Deshalb sind diese Übungen – wenn sie richtig durchgeführt werden – machtvolle Werkzeuge dafür, interkulturelle Unterschiede niedrigschwellig zu bearbeiten.

Dies gilt nicht nur für Gruppen, sondern auch für interkulturelle Coachings (vgl. Clement u. Clement 2006). Der Perspektivenwechsel stellt eine individuelle Schlüsselkompetenz, z. B. von Führungskräften, dar, die es ihnen ermöglicht, erfolgreich mit anderen Kulturen zu interagieren. Wenn es uns gelingt, uns punktuell und situationsadäquat an wichtige kulturelle Muster anzupassen, schaffen wir Anknüpfungspunkte und beweisen unseren Respekt gegenüber und unsere Kenntnis von der fremden Kultur. Führungskräfte vermeiden so, dass sie durch die falschen Verhaltensmuster den Respekt ihrer Mitarbeiter verlieren (vgl. die unterschiedlichen Arten, wie Respekt erzeugt wird und Kompetenzzuschreibungen stattfinden: 4.7). Wer sich flexibel auf unterschiedliche kommunikative Muster einstellt, verhindert, dass in interkulturellen Begegnungen aneinander vorbeigeredet und der inhaltliche Fortschritt von Projekten gefährdet wird.

Es ist allerdings nicht immer einfach zu entscheiden, welche kommunikativen Muster die richtigen sind: Welche Kultur ist beispielsweise für eine estnische Führungskraft, die für einen amerikanischen Softwarekonzern in Wien ein Team mit bosnischen, kroatischen, rumänischen, slowenischen, serbischen und österreichischen Mitarbeitern leitet, relevant?

5.2 Die Kunst der Unterscheidung

Veränderungsprozesse in Organisationen sind immer auch von kulturellen Fragestellungen begleitet. Es geht dabei um die Art der Integration von Organisationskulturen. Bei Fusionen stellt sich früher oder später die Frage, wie die Organisationskulturen, die nationalen Kulturen, die Professionskulturen zusammenpassen. Bei dieser Problematik sind zwei typische Phänomene zu beobachten: Zum einen werden kulturelle Unterschiede zwischen zwei Nationen oder Organisationen nicht (genügend) bedacht. Zum anderen wird der interkulturelle Aspekt als zentraler Baustein des Erfolgs überbewertet, sobald ein Projekt Landesgrenzen überschreitet.

5.2.1 Wir sind doch alle gleich

Der erste Fehler wird häufig von Unternehmen begangen, die ihre Geschäfte zum ersten Mal auf internationalen Boden ausdehnen. Durch eine ethnozentristische Brille blickend (vgl. 3.4) geht man – abgesehen von den ökonomischen Randbedingungen – davon aus, dass es keinen Unterschied macht, ob man eine neue Fabrik in China, Indien oder Flensburg baut. Am Ende sind wir doch alle Menschen?! Wir haben die gleichen Bedürfnisse. Wenn erst einmal die Ziele abgesteckt sind, ist es unwichtig, ob das Controlling in Tokio oder Stuttgart stattfindet.

Nun wissen wir mittlerweile, dass alle Menschen dieselben Grundbedürfnisse nach Essen, Schlaf und einem Dach über dem Kopf haben. Doch bereits in sozialen Belangen unterscheiden sich die Bedürfnisse der Menschen verschiedener Kulturen sehr stark. Auch die Art und Weise, wie Zielvereinbarungen und Entscheidungen getroffen werden, sieht in unterschiedlichen Kulturen sehr verschieden aus.

Werden diese kulturellen Unterschiede unterschätzt, kann der Geschäftserfolg als solcher ernsthaft infrage gestellt sein.

5.2.2 Kultur ist immer wichtig!

Auf der anderen Seite kann auch die internationale Dimension einer Kooperation überschätzt werden. Häufig wird, sobald eine Unternehmung nationale Grenzen überschreitet, nach einem Training oder einer Maßnahme verlangt, in der Absicht, den erwarteten kulturellen Schwierigkeiten schon im Vorfeld entgegenzuwirken. Dieses Vorgehen führt zu einer Überbetonung der kulturellen Unterschiede, befördert Stereotype und kann so unnötige Gräben entstehen lassen. Bei Fusionen, seien sie national oder international, sollte zunächst das Integrationsmodell geklärt werden. Will man das akquirierte Unternehmen als Beteiligung führen, vollständig integrieren oder das Beste aus den beiden Welten nehmen? Danach sollten die Kundenstruktur angeschaut und anschließend die Ziele und Prozesse definiert werden. Schließlich wird man nicht umhinkommen, sich um neue Rollen und Verantwortlichkeiten zu kümmern.

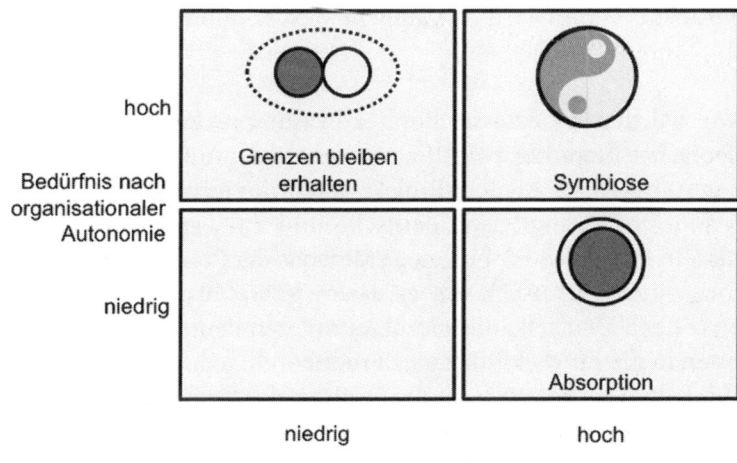

Abb. 12: Intergrationsmodell (nach Haspelagh a. Jemison 1991)

Will man Rollen, Verantwortlichkeiten und Prozesse klären, ist das GRPIC-Tool sehr nützlich, das unten genauer vorgestellt wird (vgl. 5.3.5). Dabei wird in der Prozessbegleitung die Bearbeitung kultureller Unterschiede als ein Handlungsfeld neben der Bearbeitung von Zielen, Rollen und Prozessen verstanden.

Wann wahrgenommene Kulturunterschiede nun tatsächlich Bedeutung erlangen, ist nicht voraussagbar. In unserem Beratungsansatz bearbeiten wir das Thema »Kultur« erst dann, wenn es aktuell und relevant wird.

Oft werden Macht- und Einflussfragen hinter dem Kulturthema versteckt. Dies kann zum Beispiel in kulturell heterogen zusammengesetzten Teams nach Unternehmensfusionen der Fall sein. Wenn im Vorfeld der Zusammenarbeit stereotype Vorstellungen verstärkt wurden, können sie den Ablauf der Zusammenarbeit beeinträchtigen. Die Beteiligten orientieren sich dann an diesen Stereotypen und verursachen dadurch im besten Fall Verwirrung.

Weil es bei einer Fusion oft auch in den Augen der Mitarbeiter Gewinner und Verlierer gibt, entsteht sehr schnell ein Wir-und-ihr-Gefühl, das nur schwer wieder zu revidieren ist.

In internationalen Arbeitskontexten besteht darüber hinaus die Gefahr, dass die kulturellen Unterschiede für Schwierigkeiten im Arbeitsablauf verantwortlich gemacht werden, obwohl sie es nicht sind:

Wir wurden als externe Berater beauftragt, ein spanisch-deutsches Produktentwicklungsprojekt in der Automobilbranche zu begleiten. An dem Projekt waren vier unterschiedliche Standorte beteiligt: zwei deutsche und zwei spanische. In diesem Projekt wurde eine neue Methode der Produktentwicklung eingeführt. Auch war es das erste Mal, dass Standorte außerhalb Deutschlands simultan mit den deutschen Standorten in die Entwicklung eines Produkts eingebunden waren. Wir hatten als Beraterteam den Auftrag, das Projektteam über die gesamte Entwicklungszeit, insgesamt fünf Jahre lang, zu begleiten und in kritischen Phasen zu intervenieren.

Schon bald traten erste Konflikte auf. Die spanischen Mitglieder des Projektteams zeigten sich zunehmend unwillig, tageweise zu einem deutschen Standort zu reisen, um dort an Meetings teilzunehmen. Die Meetings waren jedoch essenziell für die Koordination des Projekts. Das Beraterteam wurde darauf aufmerksam und entwickelte erste Hypothesen über die Gründe der Unzufriedenheit. Da das Projekt ein interkulturelles Projekt war, wurde nach kulturellen Ursachen gesucht. Es wurde überlegt, ob die Spanier generell unwillig waren, länger von zu Hause fort zu sein, oder ob sie generell weniger mobil waren. Unsere Hypothesen waren zunächst eher defizitorientiert und führten auch zu keiner zufriedenstellenden Lösung.

Die beteiligten interkulturellen Trainer hatten die Hypothese, der spanische Stolz sei verletzt, weil man die Spanier gebeten hatte, Systeme der deutschen Seite zu übernehmen. Nach unseren Interviews und Gesprächen mit den spanischen und deutschen Teammitgliedern stellte sich jedoch heraus, dass das Problem gar nicht in kulturellen Unterschieden begründet war. Die interkulturellen Trainer hatten dies aufgrund ihrer spezifischen Brille und ihres fehlenden Business-Know-hows nicht erkannt.

Das Problem lag auf einer ganz anderen Ebene: Die spanischen Arbeitsverträge waren so gestaltet, dass den Mitarbeitern auf Dienstreisen keine Mehrarbeitsstunden angerechnet wurden. Selbst dann nicht, wenn sie erst um Mitternacht von einer Reise zurückkehrten. Auf deutscher Seite war der Gleitzeitrahmen bei Dienstreisen geöffnet, und jede Stunde, die durch Dienstreisen beansprucht wurde, konnte auch abgerechnet werden. In den Augen der spanischen Mitarbeiter wurde damit der Mehraufwand, der für sie durch das Projekt entstand, nicht angemessen entlohnt.

Der Konflikt hatte seine Ursache also keineswegs in kulturellen Unterschieden, sondern beruhte auf der unterschiedlichen Gestaltung der Arbeitsverträge in Deutschland und Spanien. Dieser Unterschied war vom Management eingeplant. Die Entscheidung, den spanischen Standort in die Entwicklung mit einzubeziehen, war ökonomisch motiviert. Die unterschiedlichen Lohnniveaus waren das Kriterium, auf dem die Entscheidung beruhte. Die Deutschen hätten ohne diesen Vorteil darauf verzichtet, den Mehraufwand einer verteilten Entwicklung zu tragen.

Hier wäre also keine interkulturelle Intervention angezeigt gewesen. Ein interkulturelles Training oder ein Motivationsworkshop wären wenig Erfolg versprechend gewesen und hätten den Kern des Konflikts verfehlt. Stattdessen musste sich das Management dem Unmut der Mitarbeiter stellen.

Interkulturelle Trainings berücksichtigen die ökonomischen Rahmenbedingungen häufig nicht. Sie enthalten jedoch in vielen Fällen Unterschiede in der Entlohnung, in den Machtverhältnissen oder im Zugang zu Ressourcen. Entscheidungen für Investitionen im Ausland werden nicht getroffen, damit ein Beitrag zur Völkerverständigung

geleistet wird, sondern sie basieren auf einem ökonomischen Kalkül.
Der Nutzen ergibt sich meist aus der Ausschöpfung unterschiedlicher
Lohnniveaus. Wenn wir immer nur durch die interkulturelle Brille
schauen, dann fehlt uns der Blick für die ökonomischen und struk-
turellen Rahmenbedingungen interkultureller Kooperation. Sie sind
jedoch mindestens genauso wichtig wie mögliche kulturelle Unterschiede. Viele interkulturelle Trainer berücksichtigen diese Sichtweise
nicht, sondern führen alle auftretenden Konflikte grundsätzlich auf
die Unterschiede in der Kultur zurück (vgl. Clement u. Nemeczek
2000).

5.2.3 Leitdifferenzen finden

Mit einem Coaching sollte die Kommunikationsfähigkeit einer
spanischen Führungskraft verbessert werden. Der Spanier
wurde von seinen Kollegen im Bereich Pflanzenschutz eines
deutschen Chemieunternehmens als zurückhaltend und in-
trovertiert beschrieben und tat sich schwer, im Unternehmen
einen Fuß auf den Boden zu bekommen. Er wurde von den
Kollegen als sehr unnahbar und hölzern wahrgenommen. Im
Coaching gab es, nachdem wir verschiedene interkulturelle
Übungen zu »Small Talk« und den kulturellen Unterschieden
zwischen Spanien und Deutschland durchgeführt hatten,
einen Durchbruch, als wir auf den sozialen Hintergrund der
Familie zu sprechen kamen.

Er erzählte, dass es in seiner Familie keine Geschenke gebe.
Die Familie stamme aus einer einfachen, bäuerlichen Region.
Die Dinge, die zu tun seien, würden sich dort aus sich selbst
ergeben. Bei der Arbeit sei wenig verbale Kommunikation
notwendig, es werde wenig Dank ausgesprochen, Höflich-
keitsfloskeln, wie sie in bürgerlichen Kreisen üblich sind,
fehlten fast vollständig.

Die einfache Strukturiertheit der Arbeit und der Akzent auf
der körperlichen Arbeit machten komplexe Abstimmungsge-
spräche nicht notwendig. Diese Aussagen sprachen für sich
selbst: Wir kamen darauf, dass dieser Kommunikationsstil als
»rural« oder »ländlich« zu bezeichnen sei, im Unterschied zu
dem »urbanen« bürgerlichen Kommunikationsstil.

Der Spanier charakterisierte den urbanen Kommunikationsstil folgendermaßen: Es werden viele Worte um Dinge

gemacht, die sich eigentlich von selbst erklären, und es werden viele unnötige Sätze gesprochen. Im weiteren Verlauf des Coachings wurde deutlich, dass er mit denjenigen Kollegen gut zurechtkam, die ebenfalls aus einem bäuerlichen Milieu stammten. Es wurde gleichzeitig klar, dass Kommunikationsprobleme mit denjenigen Kollegen bestanden, die einen urbanen Hintergrund hatten und einen entsprechenden Kommunikationsstil pflegten. Wir hatten die Unterscheidung zwischen ländlicher bzw. ruraler und urbaner Kommunikation eingeführt. Weiterhin zeigte sich, dass seine neue Position innerhalb des Unternehmens die urbane Kommunikation notwendig machte. Doch im Bereich Pflanzenschutz arbeiten viele Mitarbeiter mit einem bäuerlichen Hintergrund, weshalb sein Kommunikationsverhalten bisher nicht weiter aufgefallen war. Wir konnten dann auf der Basis der kulturellen Unterscheidung ländlich/urban ein sehr erfolgreiches Style-Switching-Training durchführen. Für den Coachee war es besonders wichtig, dass er seine Persönlichkeit nicht ändern musste. Stattdessen konnte er nun gezielt dann in den urbanen Kommunikationsmodus umschalten, wenn es den Gewohnheiten seines Gegenübers und den Erfordernissen der Situation entsprach.

Hier war die Leitdifferenz der interkulturellen Dimension also »ländlich und urban« und nicht »deutsch und spanisch«. Das Beispiel illustriert deutlich, dass die relevanten kulturellen Unterschiede nicht an Nationen gebunden sind, sondern sich auch aus der Pluralität innerhalb einzelner Kulturen ergeben können (vgl. 3.7).

So waren die deutschen Teammitglieder in dem Entwicklungsprojekt in Spanien beispielsweise davon ausgegangen, dass es überall in Spanien üblich ist, eine ausgedehnte Siesta über die Mittagsstunden zu halten.

In Barcelona gingen die Mitarbeiter jedoch im Schnitt 45 Minuten etwas essen, bevor sie in das Büro zurückkehrten, während in Vittoria manche Teammitglieder eine Siesta machten – je nachdem, wie weit entfernt sie von zu Hause wohnten.

5.2.4 Die Kunst der Unterscheidung

Es ist deshalb wichtig, die Kunst der Unterscheidung zu beherrschen: Welche Kulturen sind in welcher Form für einen Prozess relevant? Über die relevante Unterscheidung können dabei im Vorfeld Hypothesen aufgestellt werden. Meist ergibt sie sich jedoch aus dem Prozess selbst.

Möchte man nach Asien exportieren, kann es durchaus Sinn haben, von einer Asien-Strategie zu sprechen (Weggel 1997), auch wenn dabei wichtige Unterschiede zwischen den Kulturen der asiatischen Staaten verwischt werden. Möchte man aber in Asien einen Platz finden, um einen Produktionsstandort zu schaffen, hat es wiederum Sinn, Asien nach konsumtiven und investiven Gesellschaften zu unterscheiden.

Konsumtive Gesellschaften verbrauchen ihr Vermögen für Rituale, Statussymbole etc. Investive Gesellschaften müssen dies nicht, da die Außenwirkung für sie nicht so wichtig ist. Es können stattdessen Ansparungen gemacht und Kapital aufgebaut werden. Hat man sich schließlich entschieden, in China zu investieren, hat es Sinn, unterschiedliche Regionen zu betrachten. Dabei spielen neben ökonomischen Gesichtspunkten – wie der Wirtschaftsförderung – auch kulturelle Fragen eine Rolle, nämlich im Hinblick darauf, ob die regionale Kultur zur eigenen Organisationskultur passt.

Natürlich können Aussagen über Kulturen auf unterschiedlichen Auflösungsebenen gemacht werden. Es ist möglich und manchmal sinnvoll, allgemeingültige Aussagen über die USA zu treffen. Bei näherem Hinsehen wird jedoch deutlich, dass sich das Ost- und Westküstenverhalten stark unterscheiden.

Unterschiedliche kulturelle Differenzierungen führen auch zu unterschiedlichen Interventionen. Findet eine Intervention auf einer Ebene statt, die das Problem nicht greifbar macht, wie etwa zu Beginn des Coachings der spanischen Führungskraft, so laufen wir Gefahr, Antworten und Lösungen für die falschen Fragen zu suchen. Die nationale Kultur ist nicht immer der wichtigste Unterschied. Die Maßnahmen und die Management- und Beratungsinstrumente, die man wählt, müssen der Aufgabe und dem Ziel angemessen sein.

5.2.5 Wie halten wir es mit der Kultur?

Die genannten Beispiele verdeutlichen auch, dass es im Management von interkulturellen Teams und in ihrer Begleitung nicht notwendigerweise die Interkulturalität ist, welche Prozesse ins Stocken bringt. Kulturunterschiede sind *ein* Faktor unter vielen, die einen Einfluss auf die Kooperation und die Leistung interkultureller Teams haben. Hier sind oft, wie in monokulturellen Kontexten auch, ganz einfach auch Zielkonflikte, unklare Machtverhältnisse und Aufgabenzuschnitte die Ursache von Konflikten.

Dies gilt insbesondere in internationalen Konzernen, deren Belegschaft aus unterschiedlichen Kulturen stammt und deren Organisationskultur sich mit den Unternehmen internationalisiert hat. In Unternehmen mit großer Diversität innerhalb der Belegschaft sind kulturelle Unterschiede normal, und es existieren häufig gut entwickelte Prozesse, die es ermöglichen, mit kulturellen Unterschieden umzugehen. Die Rolle der Kulturunterschiede ist hier meist untergeordnet, da die Ursprungskulturen der Organisationsmitglieder immer weiter zurückgedrängt werden bzw. von der Kultur der Organisation bestens integriert werden. Diversität und Kulturunterschiede sind Teil der Organisationskultur.

Das heißt nicht, dass kulturelle Differenzen keine Rolle spielen könnten. Stattdessen bedeutet es, dass im Management und in Beratungsprozessen klar sein muss, ob Werte, Normen und spezielle Gruppendynamiken eine Rolle spielen oder nicht. Es gilt, klar zu differenzieren, ob die angemessene Interventionsebene wirklich die Kultur ist oder nicht. Und wenn deutlich wird, dass es kulturelle Unterschiede sind, die die Effektivität eines Teams oder einer Person einschränken, so muss herausgefunden werden, *welche* kulturellen Unterschiede dies sind.

Alle Menschen sind durch die unterschiedlichsten Kulturen sozialisiert: Unsere Nationalität, die Region, aus der wir stammen, die Organisationen, in denen wir gearbeitet haben, und unser Beruf beeinflussen uns. In verschiedenen Fusionsprozessen wurde sehr deutlich, dass es zwischen unterschiedlichen Professionskulturen zum Teil tiefere kulturelle Gräben gibt als zwischen Nationalitäten. Die Vertriebsmitarbeiter, Ingenieure und Controller verstehen sich untereinander meist sehr gut, da die geteilte professionelle Kultur eine Brücke über die nationalen Unterschiede schlägt und deren Einfluss zurückdrängt.

Zwar kommen die Mitarbeiter in ihrer Fachlichkeit oft sehr gut miteinander aus, doch was dann häufig Prozesse verlangsamt, sind Unterschiede im Management und in der Art und Weise, wie Entscheidungen getroffen und kommuniziert werden.

Die entscheidende Leitfrage für Interventionen in interkulturellen Kontexten ist also:»Spielen kulturelle Unterschiede eine Rolle? Und, wenn ja, welche kulturelle Unterscheidung ist hier relevant?« Dabei muss sich die interkulturelle Intervention, wenn sie denn vonnöten ist, an den Erfordernissen der Geschäftsprozesse orientieren. Es lohnt sich nicht, interkulturelle Trainings oder Interventionen losgelöst von der eigentlichen Aufgabe eines Teams, einer Person oder eines Projekts durchzuführen. Kultur ist nicht per se wichtig, sondern es muss darauf geachtet werden, dass keine kulturellen Fragen, die eigentlich nichts mit dem Projekt zu tun haben, aufgeworfen werden und den Prozess zusätzlich verkomplizieren. Welchen Sinn macht es, auch noch interkulturelle Gräben aufzuwerfen, wo ein Prozess aufgrund anderer Einflüsse ins Stocken geraten ist?

5.3 Gemeinsamkeiten finden – Kulturen schaffen

5.3.1 Wer sind wir?

Deshalb ist es in Teamentwicklungs- oder Fusionsprozessen entscheidend, einen gemeinsamen Nenner zu finden.

In dem bereits beschriebenen deutsch-spanischen Entwicklungsprojekt gab es bezüglich des Vorgehens der Berater unterschiedliche Meinungen. Auf der einen Seite stand die Forderung, dass man die Differenzen zwischen der deutschen und der spanischen Kultur bearbeiten sollte, um so zu verhindern, dass sie sich auf den Projekterfolg auswirken. Auf der anderen Seite war das Projekt noch jung, die Projektmitarbeiter sahen sich also noch primär als Mitglieder ihrer Stammabteilungen.

Deshalb lautete der zweite Vorschlag, zuerst eine gemeinsame Projektidentität zu schaffen. Schließlich setzte sich dieser Vorschlag durch. Zur Stärkung der gemeinsamen Identität wurde ein Workshop angesetzt, bei dem das Projekt detailliert vorgestellt und seine Neuheit und Innovativität betont wurden. Die auf höchster Ebene verantwortliche Führungskraft nahm selbst an dem Workshop teil und erteilte in dessen Verlauf den Projektauftrag, was die Bedeutsamkeit und Relevanz des Projekts weiter unterstrich.

5.3.1.1 Gemeinsamkeiten schaffen!

So wurden die Projektmitglieder auf das Projekt eingeschworen, und eine gemeinsame Identität wurde geschaffen. Anstatt dass also zu Beginn eine Trennlinie zwischen deutschen und spanischen Mitarbeitern gezogen worden wäre, wurde das Projekt von anderen Projekten und dem normalen Geschäftsprozess abgegrenzt. Wenn der interkulturelle Unterschied zu früh eingebracht wird, steht er im Raum. Als rhetorische Figur schleicht er sich dann immer wieder über die Interpretation von Schwierigkeiten als »interkulturelle Probleme« ein. Anstatt dass eine gemeinsame Identität und Basis geschaffen würden, wird dadurch eine Spaltung des Teams oder des Projekts riskiert.

Die entscheidende Grundregel, die sich in vielen Projekten bewährt hat, ist also die Schaffung einer gemeinsamen Identität. Wenn Gemeinsamkeiten nicht auf den ersten Blick gesehen werden oder wenn eine Übernahme nicht freundlich vonstattenging, muss der gemeinsame Nenner konstruiert werden. Es ist immer möglich, Berührungspunkte zu finden – sei es im Hinblick auf die Produkte oder auf die Orientierung an den Kunden. Teamidentitäten müssen unter Umständen ausgehandelt werden, sodass sich alle Mitglieder des Teams darin wiederfinden können (vgl. Chlopczyk 2009).

Ist die gemeinsame Identität etabliert, können interkulturelle Differenzen und andere Konflikte besser bearbeitet werden. Es existiert dann schon ein gemeinsamer Bezugsrahmen, der verhindert, dass Differenzen zu einer Spaltung des Teams führen.

5.3.2 Naturreservate für Identitäten

In der bereits beschriebenen Fusion zwischen einem deutschen und einem französischen Unternehmen gab es Probleme mit den unterschiedlichen Weisen, wie Kompetenz zugeschrieben wurde (vgl. 4.7). Dies beruhte auf den verschiedenen Verhaltensweisen, die in der deutschen und der französischen Kultur zu Kompetenzzuschreibungen führen. Eine Möglichkeit, damit umzugehen, wäre es gewesen zu betonen, dass doch alle im gleichen Boot sitzen und dass man sich auf neue Umgangsregeln einigen solle.

Nun sind unsere Kulturen tief verwurzelt, und das Abstreifen der eigenen kulturellen Identität ist eindeutig zu viel verlangt. Menschen wehren sich zu Recht gegen solche Forderungen. In dem beschriebenen Fusionsprojekt wurde deshalb folgendes Vorgehen gewählt:

In einer Übung wurden zwei große, einander überlappende Kreise bzw. Ovale an die Wand gehängt. Die Teilnehmer wurden aufgefordert, diejenigen Aspekte ihrer Kultur zu sammeln, bei denen sie die Möglichkeit und Bereitschaft verspürten, sich auf die Gewohnheiten der anderen Seite einzulassen oder bei denen sie Gemeinsamkeiten sähen. Dann sollten die Teilnehmer diejenigen Aspekte ihrer Kultur benennen, welche sie nur ungern verändern würden.

So wurde deutlich, bei welchen Aspekten die deutsche und die französische Seite »Naturreservate« für die eigenen kulturellen Muster forderte und brauchte. Aber es wurde eben auch deutlich, bei welchen Aspekten man bereit war, zugunsten des gemeinsamen Projekts auf die andere Seite zuzugehen, den eigenen Stil anzupassen und von der Vielfalt zu profitieren.

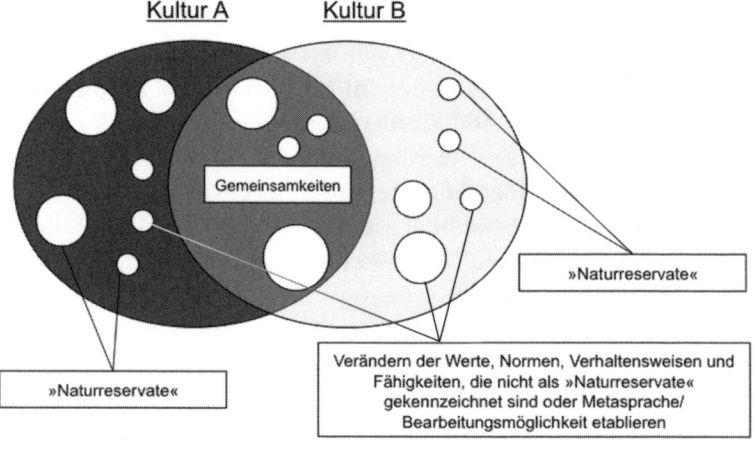

Abb. 13: In einem Workshop können Gemeinsamkeiten und »Naturreservate« entwickelt und abgesprochen werden

5.3.3 Gemeinsamkeiten aufbauen
Wenn kulturelle Irritationen auftreten, weil die nationalen, regionalen oder organisationalen Kulturen nicht zueinanderpassen, muss derjenige kulturelle Aspekt gefunden und bearbeitet werden, der die Missverständnisse und Komplikationen verursacht. Bei der Konstruktion einer gemeinsamen Identität ist ein vergleichbares Vorgehen notwendig.

Dies wurde bei der Begleitung einer Fusion zwischen einem deutschen und einem schweizerischen Chemiekonzern deutlich. Der Hauptunterschied auf kultureller Seite war nicht der Unterschied zwischen der deutschen und der Schweizer Kultur, sondern lag in der Organisationskultur begründet. Der deutsche Konzern war regional sehr gut verwurzelt, hatte eine recht homogene Belegschaft (regionale Herkunft, Professionskultur: Naturwissenschaftler) und zeichnete sich durch klare Hierarchien aus. Im schweizerischen Konzern arbeitete kaum ein Schweizer – die Belegschaft setzte sich aus Belgiern, Franzosen, Österreichern und Holländern zusammen. Die hohe Diversität des Schweizer Unternehmens ging mit flachen Hierarchien und einem stark partizipativen Modell der Entscheidungsfindung einher. Die Unternehmenskulturen waren also sehr unterschiedlich. In der Begleitung der Fusion war es aber möglich, eine zentrale Gemeinsamkeit zwischen den beiden Unternehmen herauszuarbeiten. Beide Unternehmen zeichnen sich durch eine starke Kundenorientierung und ein herausragendes Standing aus.

Obwohl es also sowohl offensichtliche Unterschiede zwischen den Unternehmen gab, war es möglich, Gemeinsamkeiten zwischen ihnen zu finden, die eine Neudefinition der Rollen und Verantwortlichkeiten ermöglichte.

Auf der anderen Seite wurde im Verlauf der Beratung deutlich, dass es insbesondere bei der Entscheidungsfindung zwei unterschiedliche Kulturen gab.

Ausgehend von der Unterscheidung zwischen stark und wenig kontextbezogenen Kulturen (vgl. 4.5), lassen sich auch zwei unterschiedliche *Entscheidungskulturen* charakterisieren. In Kulturen mit niedrigem Kontextbezug wird eine Entscheidung häufig schnell und von nur wenigen Entscheidungsträgern getroffen. In Kulturen mit starkem Kontextbezug, beispielsweise in Japan, werden Entscheidungen erst nach einer längeren Phase der Beratung mit anderen getroffen. Aus der Sicht von Kulturen mit niedrigem Kontextbezug wird diese Form der Entscheidungsfindung als langsam und ineffizient beurteilt.

Jede Entscheidung ist auf einen Konsens angewiesen. Entscheidungen in Unternehmen sind nur dann effizient, wenn sie von den

Personen, die sie betreffen, verstanden und akzeptiert werden. Soll beispielsweise ein neues Weiterbildungsmanagement eingeführt werden, so muss dies von den Verantwortlichen, den Ausführenden und den weiterzubildenden Personen akzeptiert werden. Es muss also ein gemeinsames Bild und einen Konsens bezüglich der Sinnhaftigkeit und Nützlichkeit einer Maßnahme geben.

In stark kontextbezogenen Kulturen findet eher ein Entscheidungsfindungsprozess statt. Das Treffen, bei dem die Entscheidung dann »gefällt« wird, ist daher weniger eine wirkliche Entscheidungssituation als vielmehr ein Moment, in dem der bereits fest stehende Entschluss manifestiert wird.

In Japan z. B. werden Entscheidungen mit allen Beteiligten und Betroffenen vorbesprochen, in der gemeinsamen Teamsitzung wird die mit allen abgesprochene Entscheidung nur noch verkündet.

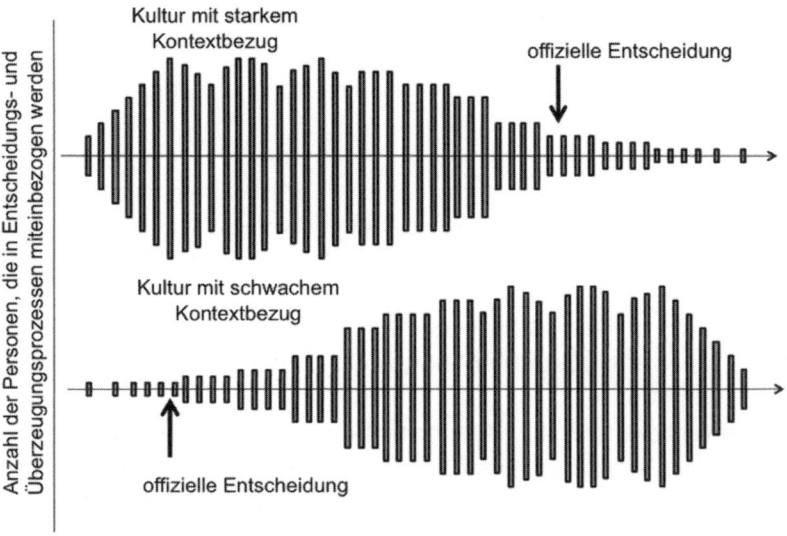

Abb. 14: *Entscheidungsprozesse in stark und schwach kontext- und konsensbezogenen Kulturen*

In wenig kontextbezogenen Kulturen wird die Entscheidung dagegen häufig schneller getroffen, muss dann aber im Laufe eines Kommunikationsprozesses abgestimmt werden. Die genauen Formalitäten der Umsetzung, die Agenda und die Ressourcen werden erst nach der Entscheidung verhandelt. Deshalb dauert der Prozess der Entscheidungsimplementierung und der Koordination letztlich meist genauso lange wie in Kulturen, in denen die offiziellen Entscheidungen erst nach einem längeren Austausch unter Einbezug aller Betroffenen und Verantwortlichen getroffen werden.

Der Zeitpunkt, zu dem die notwendigen Gemeinsamkeiten erzeugt werden, liegt im einen Fall nach der formalen Entscheidung und im anderen Fall vor der formalen Entscheidung.

5.3.4 Wie Teams zusammenwachsen

Die Entwicklung einer Gruppenidentität und die Arbeit mit Gemeinsamkeiten haben schlussendlich zum Ziel, einen gemeinsamen Bezugsrahmen zu schaffen, in dem eine neue Kultur entstehen kann. Die bestehenden Gegensätze und Identitäten werden in eine neue, umfassende Kultur integriert, in der sie als Teil einer übergeordneten Identität Seite an Seite existieren können (Haslam 2004).

Dieser Prozess kann, wie beschrieben, durch die Führung oder eine begleitende Beratung angestoßen werden, indem aktiv nach Gemeinsamkeiten gesucht oder eine starke Leitidee entwickelt wird. Dieser Prozess muss jedoch auch auf der Ebene des Teams stattfinden. Eine gemeinsame Identität und Kultur kann sich nicht ohne die betroffenen Menschen entwickeln. Kulturen entstehen und erhalten sich aus der Interaktion zwischen Menschen.

Da die meisten internationalen Teams auch an weit voneinander entfernten Orten arbeiten und sich viele Mitglieder nur selten zu Gesicht bekommen, ist es hier besonders wichtig, Zeit für informelle Kontakte und den Austausch zwischen ihnen einzuräumen. Eine starke Leitidee und eine starke Identität helfen, die Kooperation in »virtuellen Teams« zu stärken. Dazu ist es bei Meetings von entscheidender Bedeutung, Zeit und Raum für das Miteinander und das Zusammenwachsen des Teams einzuplanen. Warum sollte in den raren Momenten, in denen sich die Teammitglieder begegnen können, das Gleiche gemacht werden wie in virtuellen Räumen (vgl. Krejci u. Clement 2008)?

Aus diesem Grund sollte bei Meetings oder Workshops, wo also wertvolle soziale Zeit zur Verfügung steht, unbedingt auch zusätzliche Zeit für soziale Aktivitäten eingeplant werden. Insbesondere dann, wenn die Mitglieder des virtuellen Teams nicht oft aus ihrem eigenen Land hinauskommen, ist dabei besondere Aufmerksamkeit darauf zu richten, dass Menschen aus anderen Kulturkreisen gut umsorgt sind.

Bei Tagungen oder großen Meetings sollte sichergestellt werden, dass die Teilnehmer sich zurechtfinden und auch wissen, wo bestimmte Mahlzeiten eingenommen werden, wo besondere Veranstaltungen stattfinden und wie sie sich im Haus orientieren können. Damit wird gewährleistet, dass die Bedürfnisse der Teilnehmer berücksichtigt werden. Sie gewinnen Sicherheit und können sich freier auf Teamentwicklungsprozesse und die inhaltlichen Themen einlassen. Diese große Sorgfalt, die höheren Kosten und der personelle Mehraufwand zahlen sich aus!

Zur Stärkung des Zusammengehörigkeitsgefühls der Gruppe bieten sich dann verschiedene Möglichkeiten an: Eine bewährte Methode ist die Schaffung eines gemeinsamen *emotionalen* Referenzpunkts, auf den sich die Teilnehmer im Rückblick beziehen können, das kann z. B. der Besuch eines Konzerts oder einer besonderen kulturellen Veranstaltung oder ein eindrucksvolles Abendessen sein. Dieser Aufwand dient letztendlich dazu, ein *gemeinsames* Erlebnis im Gedächtnis der Gruppe zu verankern.

5.3.5 GRPIC: Teamprozesse gestalten

Das Zusammenwachsen einer Gruppe und die Entwicklung einer gemeinsamen Kultur müssen an den Zielen, Rollen und Prozessen des Projekts oder des Tagesgeschäfts ausgerichtet sein. Die gemeinsame Kultur und Identität muss sich auf die Aufgabe und das Ziel des Projekts, des Teams oder des Unternehmens beziehen. Dieser Ansatz muss strukturiert verfolgt werden, mit einer eindeutigen Priorität der gemeinsamen Ziele.

Das GRPIC[12]-Werkzeug wurde in der Absicht entwickelt, genau dies sicherzustellen. In fünf Schritten werden die Ziele, die Rollen, die Prozesse, die Interaktion und die Kultur eines Teams unter die Lupe genommen. Mit Schlüsselfragen und Reflexionsübungen entsteht in der Diskussion ein gemeinsames Bild von diesen Kernaspekten, Blockaden werden aufgelöst und Ressourcen mobilisiert.

Mit dem GRPIC-Werkzeug kann geklärt werden, welche kulturellen Gegebenheiten wichtig sind. Die Arbeit an kulturellen Differenzen wird an den relevanten Aspekten des Projekts ausgerichtet.

---

12 GRPIC steht für *goals, roles, processes, interaction* und *culture* (Ziele, Rollen, Prozesse, Interaktion, Kultur). Es wurde von den amerikanischen Organisationspsychologen David Kolb, Irwin Rubin und James MacIntyre entwickelt zu dem Zweck, Team- und Gruppenprozesse erfolgs- und zielorientiert zu lenken (vgl. Kolb, Rubin a. MacIntyre 1984).

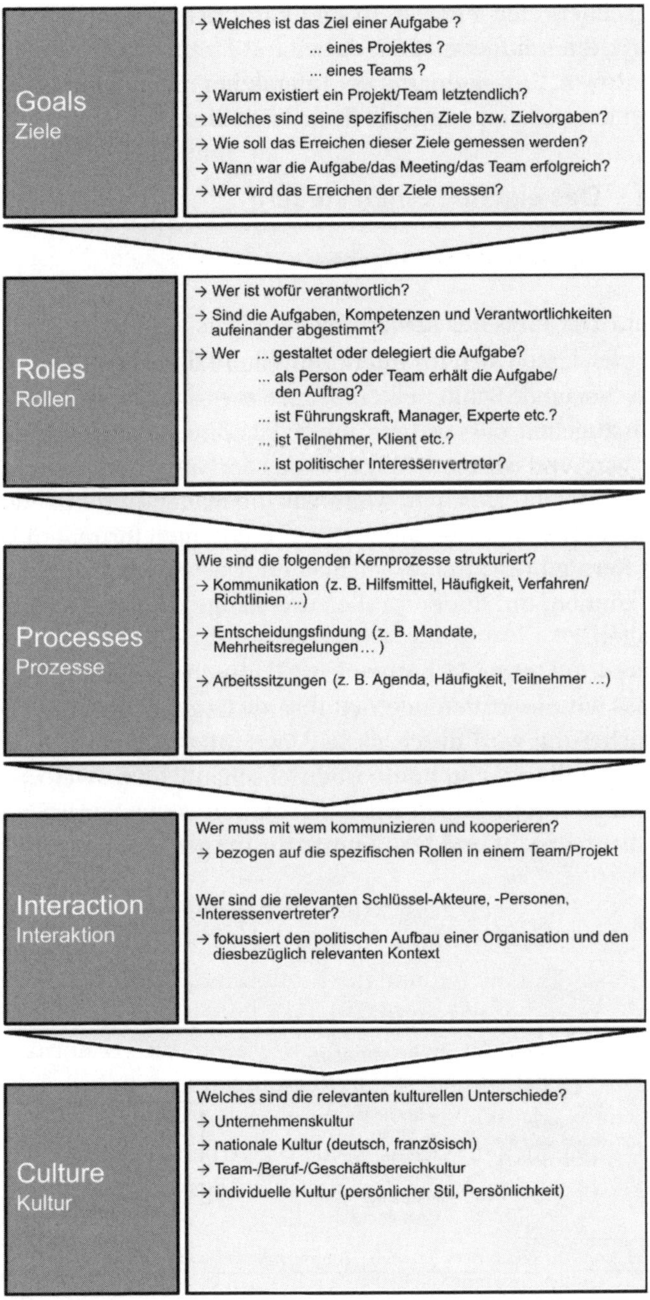

Goals
Ziele
	→ Welches ist das Ziel einer Aufgabe ?
	    ... eines Projektes ?
	    ... eines Teams ?
	→ Warum existiert ein Projekt/Team letztendlich?
	→ Welches sind seine spezifischen Ziele bzw. Zielvorgaben?
	→ Wie soll das Erreichen dieser Ziele gemessen werden?
	→ Wann war die Aufgabe/das Meeting/das Team erfolgreich?
	→ Wer wird das Erreichen der Ziele messen?

Roles
Rollen
	→ Wer ist wofür verantwortlich?
	→ Sind die Aufgaben, Kompetenzen und Verantwortlichkeiten aufeinander abgestimmt?
	→ Wer ... gestaltet oder delegiert die Aufgabe?
	    ... als Person oder Team erhält die Aufgabe/ den Auftrag?
	    ... ist Führungskraft, Manager, Experte etc.?
	    ... ist Teilnehmer, Klient etc.?
	    ... ist politischer Interessenvertreter?

Processes Prozesse	Wie sind die folgenden Kernprozesse strukturiert? → Kommunikation (z. B. Hilfsmittel, Häufigkeit, Verfahren/ Richtlinien ...) → Entscheidungsfindung (z. B. Mandate, Mehrheitsregelungen...) → Arbeitssitzungen (z. B. Agenda, Häufigkeit, Teilnehmer ...)
Interaction Interaktion	Wer muss mit wem kommunizieren und kooperieren? → bezogen auf die spezifischen Rollen in einem Team/Projekt Wer sind die relevanten Schlüssel-Akteure, -Personen, -Interessenvertreter? → fokussiert den politischen Aufbau einer Organisation und den diesbezüglich relevanten Kontext
Culture Kultur	Welches sind die relevanten kulturellen Unterschiede? → Unternehmenskultur → nationale Kultur (deutsch, französisch) → Team-/Beruf-/Geschäftsbereichkultur → individuelle Kultur (persönlicher Stil, Persönlichkeit)

Abb. 15: Das GRPIC-Werkzeug

Kultur schließt den Prozess ab und wird nicht a priori als Problem oder Hindernis aufgefasst. Die Arbeit mit Kultur ist der Arbeit an den Zielen, Rollen, Prozessen und der Interaktion untergeordnet und wird nur dort thematisiert, wo es auch wirklich Sinn hat.

5.4 Das eigene Lernen steuern

5.4.1 Mit Irritationen umgehen

5.4.1.1 Der Preis der Abwertung

Irritationen lassen sich im interkulturellen Kontext nicht vermeiden. Die entscheidende Schlüsselkompetenz ist es dann, so mit den Irritationen umzugehen, dass erstens unsere Handlungsfähigkeit wiederhergestellt wird und wir zweitens etwas aus der Situation lernen können. Dies können wir erreichen, wenn wir innehalten und uns nicht von unserer Verunsicherung und unseren Emotionen fortreißen lassen.

Im Kern gibt es zwei Möglichkeiten, wie wir auf Irritationen reagieren können, um die Kontrolle zurückzugewinnen: Abwerten und Innehalten.

Abwerten: Unsere Sicherheit kann dadurch wiederhergestellt werden, dass wir die irritierende Art unseres Gegenübers abwerten. Die Verunsicherung wird durch diese Abwertung gedämpft. Indem wir unser Gegenüber als spinnert, undurchschaubar, unzuverlässig oder chaotisch abwerten, haben wir der Irritation einen Namen gegeben, sie fassbar gemacht und können mit ihr umgehen.

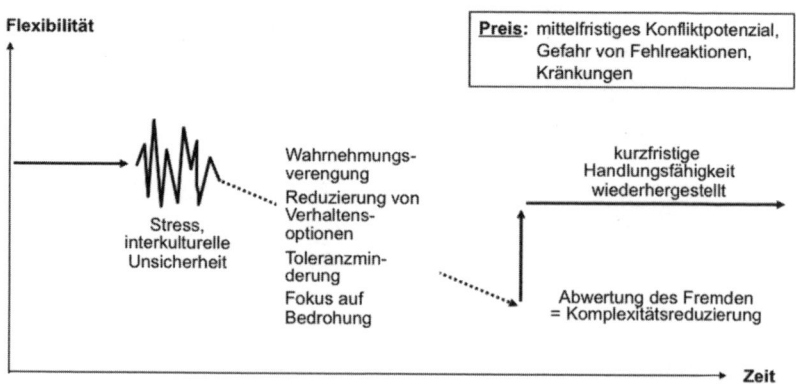

Abb. 16: Der Preis der Abwertung

Wir entschließen uns vielleicht, nie wieder an einem Projekt in Saudi-Arabien, Indien oder China teilzunehmen. Mit der Abwertung reduzieren und vereinfachen wir jedoch die Situation und trivialisieren unser Gegenüber. Der Sinn seiner Verhaltensmuster und die dazugehörigen kulturellen Interpretations- und Bedeutungsrahmen bleiben uns verschlossen. Wir bestärken bestehende Stereotype oder entwickeln neue. Dies mag in der konkreten Situation Sicherheit geben und uns wieder handlungsfähig machen. Wir lernen jedoch nichts dazu und laufen Gefahr, in Zukunft wieder in die gleiche Situation zu geraten. Wenn wir nichts gegen die Stereotype unternehmen, verengen wir unseren Blick und schauen unserem Gegenüber bei zukünftigen interkulturellen Begegnungen vorurteilsbehaftet in die Augen.

Für Deutsche gibt es diverse Kulturen und kulturelle Muster, die negative Bewertungen hervorrufen, weil entweder bereits starke Vorurteile bestehen oder weil die Verhaltensweisen, die in einer anderen Kultur alltäglich sind, aus deutscher Sicht lächerlich, eklig oder besonders unverständlich wirken.

Vor allem asiatische Kulturen sind für Menschen aus dem Westen schwer zu verstehen und werden deshalb abgewertet. Das chinesische Lachen erscheint uns häufig als »Giggeln« (Herumalbern, Kichern), und wir assoziieren Unreife oder finden dieses Verhalten kindisch. Im Mittleren Osten haben Westeuropäer ebenso wie in Indien häufig bereits mit der Kleidung Probleme. Die traditionellen Gewänder im arabischen Raum oder die Saris indischer Businessfrauen werden leicht mit Rückständigkeit in Verbindung gebracht. Auch das Kopftuch muslimischer Frauen wird häufig mit fehlendem Selbstbewusstsein gleichgesetzt. Es braucht also nicht viel, damit Stereotype aktiviert werden. Wir werden allzu schnell verführt, uns von Stereotypen hinreißen zu lassen. Und dies wahrscheinlich umso mehr, je fremder uns eine Kultur ist.

5.4.1.2 Innehalten

Statt uns also von unserer Irritation und unseren Stereotypen in abwertende Vorurteile treiben zu lassen, müssen wir *innehalten*. Damit verschaffen wir uns Zeit, unsere Wahrnehmung zu überprüfen und zu kontrollieren, durch welche Brille wir eine Verhaltensweise gerade betrachten. Dabei können wir auf der Basis unserer Selbstwahrnehmung, der Fremdwahrnehmung und auf der Basis unseres kulturellen und metakulturellen Wissens (Dimensionen) Hypothesen darüber aufstellen, warum wir irritiert sind.

Anschließend können wir entweder unsere Irritation kommunizieren oder auf der Basis eines Trial-and-Error-Prinzips alternative Verhaltensweisen ausprobieren. Auch dadurch gewinnen wir Sicherheit und können unsere Handlungsfähigkeit wiederherstellen. Zuallererst ist eine wertschätzende und respektvolle Haltung gegenüber kulturellen Unterschieden wichtig. Wenn unsere Versuche zu einer Reduktion der Spannungen beitragen, haben wir etwas gelernt und können das geeignete Verhaltensmuster in Zukunft wieder anwenden.

Damit wir so vorgehen können, sind natürlich auch eine gewisse Toleranz und ein gewisses Durchhaltevermögen notwendig. Denn insbesondere die kulturellen Muster, die sich auf körperliche Bedürfnisse – und darauf, wann ihnen nachgegeben werden kann – beziehen, sind in verschiedenen Ländern sehr unterschiedlich. In der chinesischen Kultur ist es verpönt, sich am Tisch zu schnäuzen, während dies in westlichen Kulturen – mit gewissen Einschränkungen – erlaubt ist. Oder: Die Tischsitten unterscheiden sich bezüglich der Essgeräusche in Indien und Deutschland gravierend. All dies sind Beispiele, bei denen Menschen sehr empfindlich und vielleicht mit Ekel reagieren. Doch auch hier sollten wir versuchen, keine Bewertungshaltung einzunehmen.

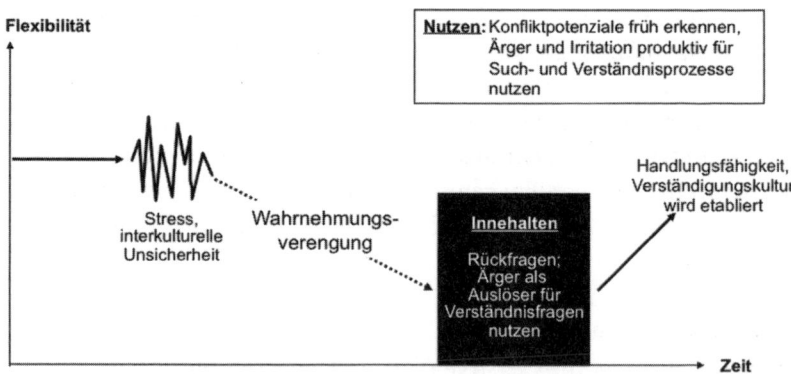

Abb. 17: Innehalten anstatt abzuwerten

Manchmal müssen wir also über die Eigenarten einer Kultur hinweggehen oder -sehen. In Situationen, in denen interkulturelle Irrationen auftreten, können wir durch Innehalten den Raum schaffen, das Geschehen um uns herum zu analysieren. Wir sollten uns die betreffende Situation zuerst selbst beschreiben. Dabei ist es nützlich, uns so weit wie möglich von Interpretationen zu lösen und uns unsere Wahrnehmung möglichst unbelastet vor Augen zu führen. Schon dadurch kommen wir meist zur Ruhe. Dann können wir Hypothesen darüber aufstellen, was genau uns irritiert oder abwertend reagieren lässt. Die unterschiedlichen Interpretationsrahmen sind dabei besonders zu berücksichtigen: Bestimmte Situationen, Äußerungen oder Handlungen haben nicht in allen Kulturen die gleiche Bedeutung. Wir sollten uns den Situationen fragend und wertschätzend nähern.

5.4.2 Die richtigen Fragen

In diesem Moment sind die *richtigen* Fragen entscheidend. Wir sind es gewohnt, nach den Gründen von Dingen zu fragen. Bei kulturellen Mustern, Bräuchen und Traditionen sind »Warum?«-Fragen jedoch ungeeignet. Warum ist es in Deutschland üblich, dass man sich jeden Morgen die Hand gibt, selbst wenn man jeden Tag bis spät abends zusammen im Büro sitzt? Warum unterscheiden sich die Tischsitten in unterschiedlichen Kulturen?

Diese Fragen sind nicht zielführend. Kulturelle Traditionen bilden sich heraus, weil sie in einem bestimmten Umfeld und zu einer bestimmten Zeit nützlich und funktional sind. Sie entwickeln dann aber eine Eigendynamik, die sich selbst verstärkt. Warum machen wir das so? Weil es sich so gehört. Weil wir es von unseren Eltern gelernt haben, die es wiederum von ihren Eltern gelernt haben. Oder weil es alle so machen. Wir können einen Fisch nicht fragen, was Wasser ist.

Daneben gibt es immer eine Vielzahl möglicher Erklärungen für bestimmte Phänomene. Erklärungen sind geistige Beruhigungsmittel.[13] Wenn wir kulturellen Phänomenen ausgesetzt sind, bringen uns Erklärungen nicht unbedingt weiter. Warum begrüßen wir uns in Deutschland mit einem Händeschütteln? Vielleicht, weil so im Mittelalter signalisiert wurde, dass wir keinen Degen tragen? Warum stößt man in Europa mit Gläsern an? Vielleicht, weil man in gefährlicheren Zeiten hoffte, auf diese Weise etwas von dem eigenen Getränk in das

---

13 Der Unterschied zwischen Beschreiben, Erklären und Bewerten wird von Fritz B. Simon in *Meine Psychose, mein Fahrrad und ich* erläutert (1988).

Glas des Gegenübers zu transportieren, um zu verhindern, dass man vergiftet wird? Anstatt »Warum?«-Fragen zu stellen, sollten wir uns erkundigen, ob wir etwas falsch gemacht haben oder welche Verhaltensweisen unser Gegenüber verunsichert haben. Oder wie bestimmte Dinge üblicherweise getan werden. Durch solche Fragen können wir die Irritation direkt adressieren und unsere Handlungsfähigkeit durch das konkrete Feedback wiederherstellen. Durch die richtigen Fragen lernen wir aber auch etwas aus der Situation und können in Zukunft auf dieses Wissen zurückgreifen.

5.4.3 Kulturinformanten und das Vademekum

Ausgesprochen nützlich sind Beziehungen zu Menschen, die sich schon länger in der eigenen und in der Kultur, in der wir uns als Fremde bewegen, auskennen. Diese Menschen können bei Verständnisproblemen vermitteln, da sie in der Lage sind, die jeweiligen kulturellen Muster und ihre Passung zu reflektieren. Sie liefern uns wertvolle Informationen über mögliche Probleme, Fallstricke und ihre effektive Bearbeitung.

Im Vorfeld eines Auslandsaufenthalts können solche Kulturinformanten hilfreich sein; aber wie interkulturelle Trainings auch, nutzen diese Informationen als »Trockenübung« nur wenig. Von Informationen und Hintergrundwissen über Kulturen profitiert man meist erst dann, wenn man sich im betreffenden Kulturraum aufhält und das Wissen in vivo anwenden kann. Bevor man nach Japan geht, muss man die japanische Teezeremonie noch nicht en détail kennen.

Für Menschen, die lange in einer für sie fremden Kultur bleiben wollen, ist es empfehlenswert, ein Vademekum (lat.: Wegbegleiter, Ratgeber etc.) anzulegen und die kulturellen Erfahrungen niederzuschreiben. Auch hierbei bietet sich die Sequenz Beschreiben – Erklären – Bewerten an. Denn beim Schreiben werden die eigenen Erfahrungen noch einmal erlebbar und können anschließend reflektiert werden. Der zeitliche Abstand zur Situation öffnet häufig neue Perspektiven oder, wie Heinrich von Kleist es ausdrückte: »Meine Worte erstaunen mich und lehren mich mein Denken.«

Der Aufbau interkultureller Kompetenz ist ein nie endender *Prozess*. Es ist unmöglich, sich im Vorfeld auf alle Unwägbarkeiten vorzubereiten. Dennoch können wir, wenn wir bestimmte Grundregeln beachten, unser eigenes Lernen steuern und unsere kulturelle Kompetenz ausbauen. Dabei ist eine wertschätzende Haltung gegenüber anderen Kulturen unabdingbar.

6. Bevor sie ins Flugzeug steigen

6.1 Der kulturelle Reisepass

Bevor Sie das nächste Mal ins Flugzeug steigen, sollten Sie nicht nur ihren Reisepass, sondern auch Ihren kulturellen Pass dabeihaben. Was bedeutet das? Das bedeutet, dass Sie sich darüber im Klaren sein sollten, durch welche Kulturen Sie selbst besonders geprägt sind und welche Werte Ihnen dabei besonders wichtig sind. Dieses Wissen ist der Kompass, der Sie durch die fremde Kultur begleitet. Es ist Ihr kulturelles Profil. Folgende Fragen können dabei als Leitlinien dienen:

- Was ist Ihr eigenes kulturelles Profil?
  - Durch welche Kulturen wurden Sie geprägt?
  - Was ist Ihnen wichtig?
  - Worauf verzichten Sie nur ungern?
  - Wie sind Ihre Ausprägungen auf den Ihnen wichtigen Dimensionen?
- Mit welchen Aspekten anderer Kulturen ...
  - kommen Sie gut klar?
  - haben Sie Mühe?

6.2 Sind sie informiert?

Schauen Sie sich noch einmal auf Ihrem Flugticket Ihr Ziel an. Wo liegt es, und was wissen Sie über die Großregion, das Land und die Stadt? Welche Hypothesen haben Sie bezüglich der Menschen, die Sie dort treffen werden? Wenn Sie sich nicht auskennen, machen Sie sich schlau. Beschaffen Sie sich (ein Minimal-)Wissen über geografische, religiöse, ökonomische und soziale Hintergründe des Landes, aber auch über die Region, in die Sie fliegen.

Sie müssen dafür keine dicken Bücher wälzen. 50 Seiten in einem Buch oder eine Stunde Internetrecherche reichen aus. Sie sollten die Hauptmerkmale der Kultur der Region und der politischen, sozialen und religiösen Entwicklungen kennen. Überlegen Sie, ob Sie jemanden vor Ort kennen. Nehmen Sie sich die Zeit, und rufen Sie an. Lassen Sie sich aufklären, mit welchen Aspekten der Kultur Ihr

Kulturinformant zu kämpfen hatte. Was ist spannend, kritisch oder interessant?

6.3 Spanische Eroberer oder Entdecker?

Mit welcher Haltung wollen Sie aus dem Flugzeug steigen? Wollen sie als spanischer Konquistador auftreten? Ein Eroberer sieht sich im Besitz einer ewigen, unumstößlichen Wahrheit und sieht seine Kultur als überlegen an. Alle Abweichungen von der eigenen, überlegenen Kultur werden abgewertet. Es gibt nur Gut und Böse. Die Perspektive des Eroberers ist eng – das Einzige, was sein Blick zulässt, ist die Erkenntnis, dass etwas nicht so ist, wie er es gewohnt ist, und dieses andere wertet er ab.

Oder wollen Sie mit dem Blick des Forschers und Entdeckers aus dem Flugzeug steigen? Das Anderssein sieht der Entdecker mit einer Haltung der Neugierde. Das andere wird als Gewinn gesehen, als etwas, das uns bereichern kann. Es ist anders als gewohnt, darf aber so bestehen und muss nicht abgewertet werden.

Wenn Sie schließlich vor Ort sind: Versuchen Sie, mit einer offenen Haltung auf die Menschen zuzugehen, und seien Sie sich im Klaren darüber, dass ihre eigenen Interpretationsrahmen, Normen und Werte in der anderen Kultur nicht unbedingt gelten oder dass das, was in Ihrer Kultur erstrebens- und wünschenswert erscheint, in anderen Kulturen ablehnend betrachtet wird – und vice versa.

6.4 Sich irritieren lassen

Irritationen gehören zu unserem Alltag. Wenn wir etwas lernen wollen, müssen zuerst unsere alten Muster aufgebrochen werden (vgl. Fischer 2003). Allzu schnell sind wir bestrebt, Neuem einen alten Namen zu geben. Doch lassen Sie sich irritieren. Wenn sie nicht wissen, was um sie herum geschieht, dann halten Sie inne, stellen Sie Hypothesen auf, stellen Sie Fragen, und haben Sie den Mut, etwas anders zu machen. Wenn Sie interkulturell kompetent handeln wollen, müssen Sie nicht Ihre Identität verändern, wechseln sie einfach den Stil Ihrer Kommunikation, wenn es nützlich erscheint, um den gewünschten Erfolg zu erzielen.

Versuchen Sie, Ihre Lernerfahrungen in einem Vademekum zu reflektieren. Schreiben Sie sie auf, und kreieren Sie so Ihren eigenen

Kulturführer durch verschiedene Länder und Organisationen. Bauen sie Kontakte auf, und finden Sie Kulturinformanten. Ihre Kollegen stehen vor den gleichen Herausforderungen – auch sie müssen vielleicht in dieses Land reisen. Und gegebenenfalls müssen Ihre neuen, einheimischen Kollegen auch mit Ihnen und Ihrer Kultur umgehen – seien Sie offen! Tauschen Sie sich aus! Genießen Sie den Unterschied!

Zusammenfassung:
Systemisch interkulturell beraten

In diesem Buch wurde dargestellt, wie man am internationalen Arbeiten Spaß haben und dabei gleichzeitig etwas über sich und andere lernen kann. Mit dem vorgestellten systemisch-interkulturellen Ansatz begleiten wir Change-Vorhaben und große internationale Projekte. Zusammengefasst besteht unser Ansatz aus folgenden Prinzipien:

- Erst *Gemeinsamkeiten schaffen* und dann *Unterschiede bearbeiten*: zuerst dafür Sorge tragen, dass sich eine Identität als Team, Projekt oder Abteilung bildet, und dann interkulturelle Differenzen bearbeiten, wenn sie im Laufe des Prozesses Thema werden.
- *Leitdifferenzen finden:* Welches ist der relevante Unterschied zwischen den betreffenden Kulturen?
- *Interventionsmodell:* Wenn Konflikte oder Probleme auftauchen, ist Kultur nur eine Interventionsebene unter anderen. Nur weil ein Team oder ein Projekt international besetzt ist, heißt das noch lange nicht, dass Kultur die wichtigste oder einzige Interventionsebene ist.
- *Metasprache* einführen: eine Außenperspektive auf die eigene Kultur darstellen, damit man so über kulturelle Gegebenheiten diskutieren kann.
- Bei *Irritationen* innehalten, Hypothesen bilden, Trial-and-Error-Prinzip anwenden, keine abwertende Haltung einnehmen.
- *Style Switching* üben.
- In der Entdeckerhaltung können wir Spaß an der Unterschiedlichkeit der Menschen haben – in der Bewerterhaltung wird sie zur Last.

Literatur

Baecker, D. (2003): Wozu Kultur? Berlin (Kadmos), 3. Aufl.

Bennett, M. J. (ed.) (1998a): Basic concepts of intercultural communication. Yarmouth (Intercultural Press).

Bennett, M. J. (1998b): Intercultural communication: A current perspective. In: M. J. Bennett (ed.): Basic concepts of intercultural communication. Yarmouth (Intercultural Press), pp. 1–34.

Berger, P. L. u. T. Luckmann (1990): Die gesellschaftliche Konstruktion der Wirklichkeit. Eine Theorie der Wissenssoziologie. Frankfurt a. M. (Fischer), 5. Aufl.

Chlopczyk, J. (2009): Identitäten verhandeln. Fachbereich I – Psychologisches Institut – an der Universität Trier (unveröffentl. Diplomarbeit).

Clement, U. u. U. Clement (2006): Interkulturelles Coaching. In: K. Götz (Hrsg.): Interkulturelles Lernen/Interkulturelles Training. Mering (Rainer Hampp), S. 153–164.

Clement, U. a. G. Krejci (2009): Consulting and training in an international environment – Reflections, best practices, and lessons learnt. (Vortrag, gehalten auf der 4. internationalen Konferenz zu Management-Consulting: »The Changing Paradigm of Consulting«, Academy of Management, IFF-Faculty for Interdisciplinary Studies at the University of Klagenfurt. Vienna.)

Clement, U. u. B. Nemeczek (2000): Mythos Kultur. Erfahrungen einer transnationalen Projektberatung. Zeitschrift für Organisationsentwicklung 9 (4): 62–69.

Elias, N. (1998): Über den Prozeß der Zivilisation: Soziogenetische und psychogenetische Untersuchungen. Frankfurt a. M. (Suhrkamp).

Fischer, H. R. (2003): Ganz im Gegenteil. Zur Irrationalität von Veränderungsprozessen. (Vortrag, gehalten auf dem Symposium »Knowledge, Organization, Society. Heinz von Foerster and the Biological Computer Laboratory« im Haus Wittgenstein, Wien.)

Flottau, J. (2001): Die letzte Hoffnung für Korean Air. Neue Zürcher Zeitung, 4.1.2001.

Gehlen, A. (1983): Philosophische Anthropologie und Handlungslehre. (Gesamtausgabe, Bd. 4. Hrsg. v. K.-S. Rehberg unter Mitwirkung v. H. Wahlen u. A. Bilo.) Frankfurt a. M. (Klostermann).

Goscinny, R. u. A. Uderzo (1972): Asterix und der Kupferkessel. Stuttgart (Ehapa).

Green, J. W. (1999): Cultural awareness in the human services. A multi-ethnic approach. Boston (Allyn and Bacon), 3rd ed.

Hall, E. T. (1976): Beyond culture. New York (Doubleday).

Hall, E. T. (1990): The silent language. New York (Anchor).

Hampden-Turner, C. M., F. Trompenaars a. D. Lewis (2000): Building cross-cultural competence. How to create wealth from conflicting values. Chichester (Capstone).

Haslam, S. A. (2004): Psychology in organizations. The social identity approach. London (Sage).

Haspeslagh, P. C. a. D. B. Jemison (1991): Managing acquisition. New York (Free Press).

Hofstede, G. (2001): Culture's consequences. Comparing values, behaviors, institutions, and organizations across nations. Thousand Oaks (Sage), 2nd ed.

Kitayama, S., H. R. Markus, H. Matsumoto a. V. Norasakkunkit (1997): Individual and collective processes in the construction of the self: Self-enhancement in the United States and self-criticism in Japan. *Journal of Personality and Social Psychology* 72 (6): 1245–1267.

Kluckhohn, F. R. a. F. L. Strodtbeck (1961): Variations in value orientations. Oxford (Row Peterson).

Kolb, D. A., I. M. Rubin a. J. M. MacIntyre (1984): Organizational psychology. An experimental approach to organizational behavior. Englewood Cliffs, NJ (Prentice-Hall).

Krejci, G. u. U. Clement (2008): Beratung virtueller Teams im interkulturellen Kontext – Ein Bericht aus der Praxis. *Gruppendynamik & Organisationsberatung* (1): 36–49.

Levine, R. V. (1999): Eine Landkarte der Zeit. Wie Kulturen mit Zeit umgehen. München (Piper).

LeVine, R. A. a. D. T. Campbell (1972): Ethnocentrism. Theories of conflict, ethnic attitudes, and group behavior. New York (Wiley).

Lewin, K. (1935): Some social differences between the United States and Germany. *Character and Personality* 4: 265–293.

Löffler, L. (1976): Die Entwicklungsproblematik aus ethnologischer Sicht. In: H. P. Peter u. J. A. Hauser (Hrsg.): Entwicklungsprobleme – interdisziplinär. Bern (Haupt), S. 29–48.

Markus, H. R. a. S. Kitayama (1991): Culture and the self: Implications for cognition, emotion, and motivation. *Psychological Review* 98 (2): 224–253.

Mead, M. (2002): Jugend und Sexualität in primitiven Gesellschaften. Eschborn (Klotz).

Moscovici, S. (1990): Versuch über die menschliche Geschichte der Natur. Frankfurt a. M. (Suhrkamp).

Nadig, M. (1997): Die verborgene Kultur der Frau. Frankfurt a. M. (Fischer).

Nowotny, H. (1993): Eigenzeit. Entstehung und Strukturierung eines Zeitgefühls. Frankfurt a. M. (Suhrkamp).

Parin, P. (1978): Der Widerspruch im Subjekt. Ethnopsychoanalytische Studien. Frankfurt a. M. (Syndikat). [Neuaufl. (1992): Der Widerspruch im Subjekt. Ethnopsychoanalytische Studien. Hamburg (Europäische Verlags-Anstalt).]

Proust, M. (2008): Auf der Suche nach der verlorenen Zeit. (Jubiläumsauflage.) Frankfurt a. M. (Suhrkamp).

Rotter, J. B. (1966): Generalized expectancies for internal versus external control of reinforcement. *Psychological Monographs: General & Applied* 80(1): 1–28.

Schneck, O. (2004): Cultural Due Diligence. Oder warum die meisten Fusionen scheitern. Verfügbar unter http://www.schneck-rating. de/uploads/media/Artikel_Cultural_Due_Diligence__Magazin_ Kredit_und_Rating_Praxis__04-2007_.pdf [27.9.2010].

Simon, F. B. (1988): Meine Psychose, mein Fahrrad und ich. Zur Selbstorganisation der Verrücktheit. Heidelberg (Carl-Auer), 12. Aufl. 2009.

Simon, F. B. (Hrsg.) (2005): Die Familie des Familienunternehmens. Ein System zwischen Gefühl und Geschäft. Heidelberg (Carl-Auer), 2. Aufl.

Simon, F. B, R. Wimmer u. T. Groth (2005): Mehr-Generationen-Familienunternehmen. Erfolgsgeheimnisse von Oetker, Merck, Haniel u. a. Heidelberg (Carl-Auer).

Thomas, A. (2003): Handbuch interkulturelle Kommunikation und Kooperation. Göttingen (Vandenhoeck & Ruprecht).

Triandis, H. C. (1995): Individualism & collectivism. Boulder, CO (Westview).

Trompenaars, F. (2003): Did the pedestrian die? Insights from the world's greatest culture guru. Oxford (Capstone).

Trompenaars, F. (1997): Riding the waves of culture. Understanding cultural diversity in business. London (The Economist Books).

Trompenaars, F. a. C. Hampden-Turner (2004): Managing people across cultures. Chichester (Capstone).

Trötschel, R. (2001): Den Verlust vor Augen, die Einigung im Sinn. Osnabrück (Der Andere Verlag).

Weggel, O. (1997): Die Asiaten. Gesellschaftsordnungen, Wirtschaftssysteme, Denkformen, Glaubensweisen, Alltagsleben, Verhaltensstile. München (dtv).

Über die Autorin

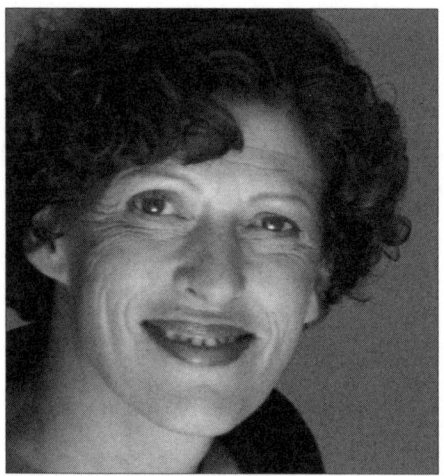

Ute Clement, Dipl.-Psych., Organisationsberaterin, Bankkauffrau, Lehrende Supervisorin (SG), Systemische Therapeutin und Beraterin (SG), Lizensierte Beraterin Cultural Orientation Inventory (TMC). 1995 gründete sie das Beratungsunternehmen Ute Clement Consulting. Arbeitsschwerpunkt: Begleitung von Veränderungsprozessen in internationalen Unternehmen. Im Jahr 2010 wurde Ute Clement von der »European Commission Enterprise and Industry« in das »European Network of Female Entrepreneurship Ambassadors« berufen und zur Unternehmens-Botschafterin ernannt.

uteclementconsulting
Passion for change

- ❐ Beratung von Change-Projekten
- ❐ Begleitung von Post Merger Integrations-Projekten
- ❐ Interkulturelles Management
- ❐ Projektbegleitung
- ❐ Coaching

Berlin	Heidelberg
Husemannstr. 8	Bienenstr. 5
D-10435 Berlin	D-69117 Heidelberg

www.uteclementconsulting.de